南京 赏花景点 最佳赏花时间

紫藤

老门东

3月底至4月底

木香花

瞻园

4月至5月

U0260442

手绘自然书系

撷芳

植物学家手绘观花笔记

李 梅 著

出 离 绘

刘 夙 审校

江苏凤凰科学技术出版社

· 南京 ·

　　江南灵秀地，草木发华滋。来自南京中山植物园的李梅博士的这本《撷芳 植物学家手绘观花笔记》，以秀雅的文字、信手拈来的典故，与出离女士精妙的画面相结合，为我们娓娓道来江南地区常见观花植物的前世今生故事。艺术与科学在此水乳交融，"金风玉露一相逢，便胜却人间无数"，寓教于乐之外也给人以美的享受。

　　植物的生命状态或柔软或坚韧，这些都源于它们面对自然的从容。每一朵花怎么开，都自有其道理，需要人类用眼睛去观察，用心灵去体会。李梅博士从事植物科普工作多年，下笔时既有科学的严谨，又有生命的从容。她对这些植物的如数家珍和无比热爱，使得笔下的一草一木都带有栩栩如生的温度与美感。本书的内容，与我们当下的生态文明建设关系最为直接，也正是我们植物工作者的使命所在：反映自然、表现生命，唤起人们对自然的认同感和亲切感。

中国科学院昆明植物研究所教授级高级工程师

和出离相识也有些年了，我一直非常佩服她对植物画的虔诚和对画植物的执着，其作品多次入选专题植物画展并取得优异成绩，乃实至名归。因我多年来一直关注出离，时常能看到她贴出的画作，便想着这些美图要是有机会结集成册和大众见面，对广大喜欢自然、热爱植物画的读者来说绝对是件特大好事。

果不其然，功夫不负有心人，出离的好作品有了越来越多的展示舞台。这不近两年，一下子就有两本大部头合作：《遗世独立 珍稀濒危植物手绘观察笔记》率先问世，而这本《撷芳 植物学家手绘观花笔记》紧随其后。

我个人曾有过一段绘画学习经历，后来读了动物学专业，如今在《博物》杂志做科普插图工作。可能是出于兴趣和职业习惯的缘故，我对图（尤其是绘图）、文结合的出版物很感兴趣，同时也很挑剔。

当看到《撷芳 植物学家手绘观花笔记》小样时，顿时有种久违的亲切感，它和我追求的中西结合风格十分贴靠。书的排版简洁不花哨，却显得视觉层次十分丰富，图、文相得益彰。确切地说，翻开书后，我的视线首先会被各单元精美的开篇绘图所吸引。画中技法丰富，渲染、勾勒、虚实结合。赏画、观花后，整个人的情绪都被引入芳园之间。随后，再细细品读文字，内容有学术、有典故、有亲历、有生活。我习惯于"图片先行"，读文字一直是弱项。不过，此书的文字平实、亲切，也很抓人。随便抽哪段独立出来看，开头寥寥几句就有强烈的代入感，全篇读完仍意犹未尽。

值得一提的是，在正文篇章的页面里，同样也摆置了几幅画作小品，除执行了调节阅读节奏、装点阅读氛围的功能外，还有着明确的叙事表意作用，是对开篇大图的信息补充。这些配图虽占版面不大，不过格局也十分用心：有的独守页脚；有的加以底框立于一方；有的则成组整行排列，横跨左右。巧妙的设计、大胆的留白让页面十分透气，随着翻阅，视线仿佛穿行于别致的园林之中，花香扑鼻，美不胜收。

近几年来，圈内常说博物学在国内开始复兴。的确，越来越多优秀的自然画家和科普作家浮出水面，其实说是"走出幕后，登上前台"可能更为贴切，因为他们一直都在，只不过此前更多时候是在默默地坚守着、执行着，不太为大众所了解。现在，时机成熟了。也要特别感谢出版社的编辑同仁，能有如此眼界，策划这类曾被认为"小众"的选题，制作出视觉精致、内容夯实的书籍。这是我们广大自然爱好者的福音。

《中国国家地理》杂志社旗下《博物》编辑部插图主管 张瑜

目　录

梅花

梅先天下春

绿萼梅

Armeniaca mume var. *mume* f. *viridicalyx*

『水陆草木之花，香而可爱者甚众，梅独先天下而春，故首及之。』在初春乍暖还寒、万物萧疏之际，梅花不惧寒威，在枝头渐次绽放，于百花之中最早传递春的讯息。所谓『万花敢向雪中出，一树独先天下春。』难怪人们说：『梅占花魁。』

撷芳 —— 植物学家手绘观花笔记

梅屡屡出现于诸多重要的历史典籍中。如,《诗经·国风·召南·摽有梅》:"摽有梅,其实七兮! 求我庶士,迨其吉兮!"(竟然还是一首情歌。)《礼记·内则》云:"瓜、桃、李、梅。"《山海经·中 山经》云:"又东北三百里,曰灵山,其木多桃、李、梅、杏。"《西京杂记》云:"(汉)初修上林苑, 群臣远方各献名果……有梅七:朱梅、紫叶梅、紫花梅、同心梅、丽枝梅、燕梅、猴梅。"《神农本草经》 《本草纲目》均指出梅(果)的药用价值,《齐民要术》则介绍了梅果的加工方法。

梅,是国人最早认识和利用的植物,在我国已有 3000 年以上的栽培历史。 河南安阳殷墟出土的商代铜鼎中发现了已炭化的梅核,足以说明梅树早为古代 先民所驯种。

起初,梅子代醋作调味品。《尚书·商书说命下》中有"若作和羹,尔惟盐梅" 的记载。春秋时,梅子亦为馈赠、祭祀和烹饪佳品。自汉初人们开始欣赏梅花, 至南北朝时,梅即以花闻名天下,到唐宋时期,植梅、赏梅、咏梅已达鼎盛阶 段。"三年闲闷在余杭,曾与梅花醉几场。伍相庙边繁似雪,孤山园里丽如妆", 从白居易的诗中约略可见一斑。宋徽宗《御制艮岳记》亦有"其东则高峰峙立, 其下植梅以万数,绿萼承跌,芬芳馥郁,结构山根,号绿萼华堂"的记载,而 绿萼为梅中妙品,极为雅丽。

南宋范成大所著《梅谱》(又称《范村梅谱》)为我国现存最早的梅花专著, 记述了 12 个梅花品种。作者还在《梅谱·自序》中开门见山、直抒胸臆:"梅, 天下尤物,无问智贤愚不肖,莫敢有异议。学圃之士,必先种梅,且不厌多。 他花有无多少,皆不系重轻。"清人朱锡绶在《幽梦续影》中也主张:将营精舍 先种梅。南宋之后,梅始称"花魁"。南宋陈景沂《全芳备祖》、明王象晋《群 芳谱》、清康熙钦定《广群芳谱》等,均推梅花为群花之首,民国时期梅花被定 为国花。1987 年在中国传统十大名花的全国性评选中,梅花位居榜首。南京、 武汉、苏州、无锡、鄂州市、梅州市、丹江口等均以梅花为(市)县花。难怪,已故中国工程院院士、北京林业大学园林学院教授、梅花的国际登录权威（IRA）、我国首席梅花专家陈俊愉，曾多次提出梅花应入选我国国花。

花中气节最高坚

古人有"梅以韵胜，以格高"以及"花中气节最高坚"的评价。陆游也赞她："无意苦争春，一任群芳妒。零落成泥碾作尘，只有香如故。"无私无畏、坚贞顽强的梅花精神已成为中华民族优秀品格的象征。

我国民间视梅为吉祥和美好的化身，认为她具元、亨、利、贞四德，象征高洁、刚强、坚贞、潇洒的品行；花开五瓣寓意五福，传达着快乐、幸运、长寿、顺利、太平的吉祥。松、竹、梅为"岁寒三友"，梅、兰、竹、菊为"四君子"等。梅的风姿傲骨、高洁品性，尤为文人雅士所推崇景仰，他们借梅抒怀，以梅明志，表达自己超然世外、洁身自好的意愿与决心。

北宋著名隐士林逋，终生不做官、不娶妻，隐居西湖孤山，植梅养鹤，人谓"梅妻鹤子"。去世后真宗皇帝赐谥号为"和靖"，故又称林和靖。他善诗，尤以咏梅诗最具神韵，如："雪竹低寒翠，风梅落晚香""笛声风暖野梅香，湖上凭栏日渐长"。

画家王冕，隐居九里山，植梅千株，结庐三间，题名"梅花屋"。写诗作画，尤工于画墨梅，并留诗作："吾家洗砚池头树，个个花开淡墨痕。不要人夸好颜色，只留清气满乾坤。"

诗人陆游，爱花成痴，酷爱梅花，留有100多首咏梅诗，甚至直言："何方可化身千亿，一树梅花一放翁。"

此外，民间许多文艺、绘画、工艺作品等，也以梅为表现对象。如"喜鹊登梅"即为中国传统吉祥图案之一。梅，亦常用于为女子、花卉甚至事物取名。比如江南的六七月，因正值梅子黄熟时，常被唤作"梅雨季"。

我国与梅有关的成语及典故可谓俯拾皆是，如："摽梅之年""梅妻鹤子"

宫粉为梅花中的一类，
花瓣粉红色，
娇妍妩媚，
较为常见。

"青梅竹马""望梅止渴""雪胎梅骨""驿寄梅花"等。

　　南京城南中华门外有个长干里，唐朝李白《长干行》"郎骑竹马来，绕床弄青梅"之句中"青梅竹马"的典故即出于此地。

　　《金陵志》载："宋武帝之女寿阳公主，一日卧于含章殿下，梅花落于额上成五出花，拂之不去，号梅花妆，宫人皆效之。"从此，"梅花妆"成为女子时尚妆容，一直流行到五代十国。

疏影暗香色雅丽

梅花可分为真梅种系、杏梅种系和樱李梅种系。

杏梅种系为梅与杏的杂交种。枝叶似杏，花大，像杏花，不香或微香。

樱李梅种系为红叶李与宫粉梅的杂交种。枝叶似紫叶李，花略有李花之香。花大、重瓣，外层白，内层粉，色彩娇艳。

真梅种系为纯种的梅花，其品种已逾 300 种，可分为果梅与花梅两类。

花梅中，依枝条的姿态，可分为直枝、垂枝、龙游三种类型。直枝者枝条直上或斜出，不下垂，不扭曲；垂枝者枝条自然下垂或斜垂；龙游者枝条自然扭曲，宛若游龙。

依花型与花萼颜色，可分为江梅、玉碟、宫粉、朱砂、绿萼等，而台阁、洒金、照水、龙游等皆为梅中妙品。

梅，属于花中姿色香韵俱佳者。张潮《幽梦影》云："花之宜于目，而复宜于鼻者，梅也、菊也、兰也……"

论姿：自古便以横斜疏瘦与老枝敬者为贵。清龚自珍云："梅以曲为美，直则无姿；以敬为上，正则无景；以疏为贵，密则无态。"故垂枝梅（又名照水梅）和龙游梅更为人青睐。

论色：白梅，如江梅、玉碟，雪肤冰肌，疏朗清俊，"冰雪林中著此身，不同桃李混芳尘"；宫粉，花瓣粉红，繁密娇妍，"淡淡东风色，勾引春光一半出"；朱砂，花瓣紫红，明艳俏丽，"寒心未肯随春态，酒晕无端上玉肌"；绿萼，萼绿瓣白，幽雅绝俗，"古干盘瘦蛟，数朵点苍雪"；洒金，花上有斑点、条纹，一花双色，又叫跳枝，与山茶、牡丹中的二乔有异曲同工之妙。

论香："初来也觉香破鼻，顷之无香亦无味。虚疑黄昏花欲睡，不知被花熏得醉""香中别有韵，清极不知寒"，梅的彻骨幽香，清冽且浓郁，令人如醉如痴，心旷神怡。

论韵：宋代林和靖"疏影横斜水清浅，暗香浮动月黄昏"的诗句也是梅花绝世风姿、彻骨幽香的绝佳写照。

古人赏梅还格外讲究情境。宋人张镃在《梅品》中提出花宜称26条，列举26种宜与梅花相映衬、烘托的幽境雅物：如淡云、晓月、薄暮、细雨、轻烟、佳月、夕阳、微雪、晚霞……林间吹笛、膝上横琴、石枰下棋、扫雪煎茶、美人淡妆簪戴。也算是讲究到了极致。

我国有众多赏梅胜地，龚自珍云："江宁之龙蟠，苏州之邓尉，杭州之西溪，皆产梅。"

南京植梅始于六朝时期，唐宋元明清以及民国相沿不衰。明代，灵谷寺旁梅花坞为当时南京最大的赏梅胜地。徐渭《钟山梅花图》就描绘了那里"龙蟠胜地，春风十里梅花"的景观，后得名"灵谷松梅"，为"金陵四十景"之一。

南京梅花山植梅面积约1.02平方千米，植梅3万余株，拥有别角晚水、寒红、南京红、扣子玉蝶、黄金鹤、长蕊绿萼等特别品种，有"天下第一梅山"之美誉，居"中国四大梅园"之首。每年春季规模盛大的"中国南京国际梅花节"已举办了25届，高峰期每日迎来游人逾10万。

朱砂也是梅花中的一类，花瓣紫红色，明艳俏丽。

如今,南京梅花山、苏州邓尉、杭州超山、无锡梅园、武汉东湖等地,每届花时,那云蒸霞蔚、香雪成海的景象令人心醉神迷,动人心弦。

观赏食用皆相宜

梅花,在园林中常以苍翠的常绿树或深色建筑物作背景,最能突出其冰清玉洁。也可布置成梅林、梅园、梅岭、梅峰、梅溪、梅坞等各种专类园。亦为盆栽、盆景和切花的良材,均显高雅脱俗。插梅花的器具最宜铜瓶或古雅素净的深色瓶。单独插瓶端庄清丽,配山茶娇艳,配水仙清雅,配松、竹高洁。

梅之花与果,皆可制成美食。宋代林洪《山家清供》里就有梅花汤饼、蜜渍梅花、汤绽梅、梅粥等食品的制作介绍。明代高濂《遵生八笺》里也介绍了蒜梅、清脆梅汤、黄梅汤等美食。其中"梅粥"云:"梅落英净洗,用雪水煮,候白粥熟同煮。"宋代杨万里还有诗云:"才看腊后得春饶,愁见风前作雪飘,脱蕊收将熬粥吃,落英仍好当香烧。"

梅的果——梅子,被誉为"中国第一佳果",可制各种蜜饯,如青梅、话梅、乌梅、梅干、梅酱,以及罐头。梅汁可制各种饮料和糖果。酸梅膏、酸梅汤既可止渴,又可防治肠道传染病。滇西、大理地区煮肉、烧鸡都用果梅做调味品,据说可增美味,当地的雕梅(因梅果上雕刻花纹而得名)和炖梅为云南白族的传统美食。

梅的花、叶、梗、根、果均可入药。梅未成熟的干燥果实,中医称乌梅,最常入药。味酸性平,有收敛生津、安蛔驱虫的功效。古代《千金要方》中的消食丸,即用乌梅。

花蕾的蒸馏液,即梅花露,用于点茶,可生津止渴、解暑涤烦。花蕾还含有多种挥发油和维生素,有疏肝解郁、美容艳体的功效。《采珍集》中说:"萼梅(梅花)瓣,雪水煮粥,解热毒。"

因出生于冬季,且名中带"梅",故自小对梅花和蜡梅皆怀有特别情愫,倍感亲切。而"两梅"共有的不畏困境、坚韧不拔、洁身自好,对自己个性的形成有着深刻影响。

于我,每年早春待梅花开时,观其形,嗅其香,顺带分辨一下类型,是件不容错过的赏心乐事。

花可赏可入馔,果可食可入药,品性高洁,内涵丰富,寓意吉祥,广受喜爱,梅,就这样深深融入我们的生活,成为不可或缺的一份美好存在。

小妙方

梅花粥

采 10 朵盛开的梅花,摘下花瓣用清水洗净。将 100 克粳米淘洗干净,入锅加适量清水上火烧开,熬煮成粥,再加入适量白糖及洗净的梅花瓣,稍煮即成。空腹食用,可理气健脾、和中开胃。

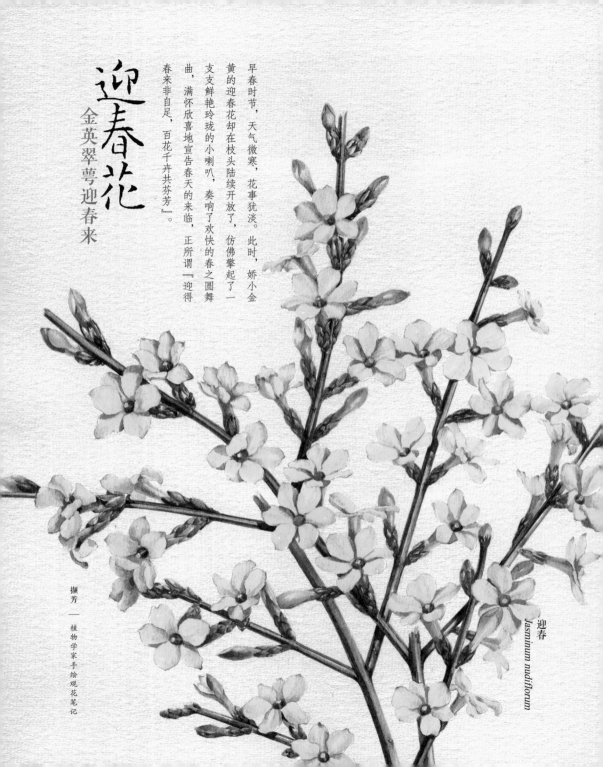

迎春花

金英翠萼迎春来

早春时节，天气微寒，花事犹淡。此时，娇小金黄的迎春花却在枝头陆续开放了，仿佛擎起了一支支鲜艳玲珑的小喇叭，奏响了欢快的春之圆舞曲，满怀欣喜地宣告春天的来临，正所谓「迎得春来非自足，百花千卉共芬芳」。

撷芳——植物学家手绘观花笔记

迎春

Jasminum nudiflorum

迎春花原产于我国，栽培历史逾千年，唐诗中已有吟咏。北宋史学家刘敞，作为宋英宗赵曙的翰林侍读学士时，常出入皇宫禁地，其诗作《阁前迎春花》"沉沉华省锁红尘，忽地花枝觉岁新。为问名园最深处，不知迎得几多春？"写的就是北宋皇宫藏书阁所在园圃中迎春开放之景象。迎春花广布于全国各地，自19世纪传入欧洲后，很多国家都有种植。

不知迎得几多春

迎春花别名迎春，为木犀科落叶灌木。枝细长，直出或拱形，稍呈四棱形。叶对生于枝节间，小叶3枚，形似小椒叶，但无锯齿。花黄色，外染红晕，高脚碟状，常6裂，花单生于叶腋，早春先叶开放，有清香。分单瓣、重瓣及浓淡数种。

关于"迎春"之名的由来，不少典籍均有交代。明代高濂《草花谱》曰："迎春花，春首开花，故名。"王象晋《群芳谱》云："方茎厚叶，如初生小椒叶而无齿……春前有花，如瑞香花，不结实……最先点缀春色。"明代周文华《汝南圃史》云："迎春，栽岩石上则柔条散垂，花缀于枝上甚繁，以十二月及春初开花，故曰'迎春'。"

由于茎略呈方形，上端纤细而延长，舒展如带，故又有"金腰带"之称。宋代赵师侠的清平乐词有"纤秾娇小，也解争春早。占得中央颜色好，装点枝枝新巧。东皇初到江城，殷勤先去迎春，乞与黄金腰带，压持红紫纷纷"的妙句，生动描绘了迎春"金腰带"的可爱形象。

然而，《汝南圃史》中还有这样一段叙述："辛夷，一名木笔，花初开如笔，故曰木笔。一名迎春，其花最早，故曰迎春……先花后叶，花如菡萏。"清朝吴其濬《植物名实图考》云："辛夷即木笔花，玉兰即迎春……"分别把木兰科的辛夷和玉兰唤作"迎春"，可谓真伪混淆、令人迷惑。如今，我们把"迎春"作为这种木犀科植物的正名，但古籍中的迎春有可能指其他植物，阅读时须仔细辨别。

黄色花中有几般

在争妍斗艳的春日群芳里，若论颜值香韵，迎春花显然争不了上游。她既无梅兰之香，亦无山茶之艳，更无牡丹之雍容富丽。然而，初春时候，在扑面寒风里、满眼枯寂中，蓦然瞥见绿色的枝蔓上那一簇跳跃的灿黄，便知迎春花开了。凑近了去，仔细端详这凌寒报春的花儿：单独看一朵，小小的六瓣花儿，模样周正，略含羞怯，娇黄的花色，泛着一丝寒气，好在花萼染着红晕，透出些许暖意，也仿佛预兆着千红万紫的妍丽春光已然不远，脑海中或会跳出令狐楚《游春词》中"高楼晓见一花开，便觉春光四面来"那充满画面感的诗句，心中亦涌出对春天的无限憧憬。对于我，这是很多年早春重复出现的场景和由此生发的相似心情。

古往今来，迎春最为人推崇之处似乎在于其耐寒和花早之秉性。明人王象晋《群芳谱》云："虽草花，最先点缀春色，亦不可废。"作者虽误把迎春当作草本（实为灌木），却不否认她开花最早的事实。宋代晏殊《迎春花》云："浅艳侔莺羽，纤条结兔丝。偏凌早春发，应诮众芳迟。"赞她凌寒早开，足以傲立群芳。唐代白居易"金英翠萼带春寒，黄色花中有几般！凭君与向游人道，莫作蔓菁花眼看"的赞誉，宋代韩琦"覆阑纤弱绿条长，带雪冲寒折嫩黄；迎得春来非自足，百花千卉共芬芳"，以及我国现代园艺大师周瘦鹃的"不耐严冬寒彻骨，如何迎得好春来"的诗句，皆热情讴歌了迎春的不凡品格。的确，迎春不惧寒威，不择风土，开于百花之先，花期颇长，且玲珑娇小、端庄秀丽，盛开时生机蓬勃，充满了早春的清新气息，被誉为"东风第一枝""春天的使者"，是欣欣向荣、美好幸福的象征。迎春与梅、水仙、山茶被合称为"雪中四友"，在百花园中享有独特地位。迎春还是河南鹤壁市的市花。

迎春甚至成了很多女孩的芳名。红楼十二钗中，贾府二小姐名唤"迎春"，可惜此女温良而懦弱，与迎春性不畏寒、傲立群芳的性格颇为不合。

迎春金花照眼、翠蔓临风、适应性强，为早春园林嘉卉，宜植于池边、溪畔、亭前、阶旁、墙隅、石缝，或在草坪、林缘、坡地、丛林周围成片种植，或用于布置花径、花丛。如植于墙洞旁，枝条由孔隙中穿越而出，别饶风趣。在云南地区，因迎春枝条直立，又多密生，多植为绿篱。当其盛花时，连片成群，颇有气势。附着墙壁生长的，仿佛依墙织就了一张花毯，活泼亮丽。

迎春制作盆栽、盆景时宜备深盆，老本宜露根，以枝干苍老、悬崖式或半悬崖式为宜，柔条纷披下垂，婀娜多姿，古趣盎然。现为盆景"四大家"（金雀、黄杨、迎春、绒针柏）之一，经整枝，可制成圆形、伞形、扇形、塔形、动物等多种造型的盆栽或盆景。亦为插花良材。

迎春花可入馔。清代陈淏子在其花卉名著《花镜》中提到："迎春花，糖渍做汤可，用沸水焯后加麻油、盐等调料拌食亦可。"清代顾仲《养小录》的餐芳谱中曾提到"酱醋迎春花"的做法：热水一过，酱醋拌供。此馔至今仍为河南、山东一带的名菜。迎春花还可与其他花卉一起制作蔬菜沙拉，且为一些欧洲餐馆中的时髦菜肴。

迎春姐妹知多少

同科常见的植物有连翘、金钟等，皆于早春先花后叶，且花为黄色，许多人误将它们与迎春混为一谈。

金钟，落叶灌木，又称黄金条、迎春条。全国各地均有栽培，尤以长江流域一带栽培较为普遍。小枝绿色，

云南迎春

迎春花｜金英翠萼迎春来

呈四棱形，花 1 ~ 3 朵生于叶腋（迎春为单花生于叶腋）。花为 4 瓣（迎春为 6 瓣），花瓣狭椭圆形，深黄色，翻卷（迎春花瓣较为平展）。花较迎春的为大，花期略晚。

连翘，与金钟极为相似，但枝条开展，拱形下垂，节间中空（迎春与金钟节间均有片状髓）。花瓣亦为 4 枚。成熟的果实为著名中药。同时，连翘亦为早春优良观花灌木，可作花篱、花丛、花坛等。花早而繁，花期长，生长旺，盛花时满枝金黄，芬芳四溢，令人赏心悦目。故北宋苏颂在《本草图经》中对她颂赞有加："花黄可爱，秋结实似莲作房，翘出众草，以此得名。"连翘分布甚广，除华南地区外，我国其他各地均有栽培。

野迎春，又名云南黄馨、云南迎春，花大、美丽，供观赏。和迎春花很相似，主要区别在于：

野迎春：常绿植物，花期为 3 ~ 4 月。花较大（最大直径可以长到 4.5 厘米），花瓣常近于复瓣，较花筒长。分布常限于我国西南部。

迎春花：落叶植物，花先叶开放；花期为 2 ~ 4 月。花较小（最大直径约 2.5 厘米），花冠裂片较不开展，花筒很长。分布至较北地区。

有趣的是，根据细胞学的研究，迎春花有可能是野迎春的北方衍生种。这对于她们的高相似度给出了一个科学而合理的解释。

探春花，原产我国中部和北部。虽不开于春季，亦为木犀科开黄花的常见种。花期 5 ~ 9 月。又名"迎夏"。半常绿灌木。枝条开展，拱形下垂。顶生多花的聚伞花序，小花黄色。为盆景、盆栽、切花良材。花枝插瓶，花期可达月余，且枝条可在水中生根。

连翘也是早春常见的木犀科花卉.

花瓣有4枚,可区别孔迎春(花瓣6枚).

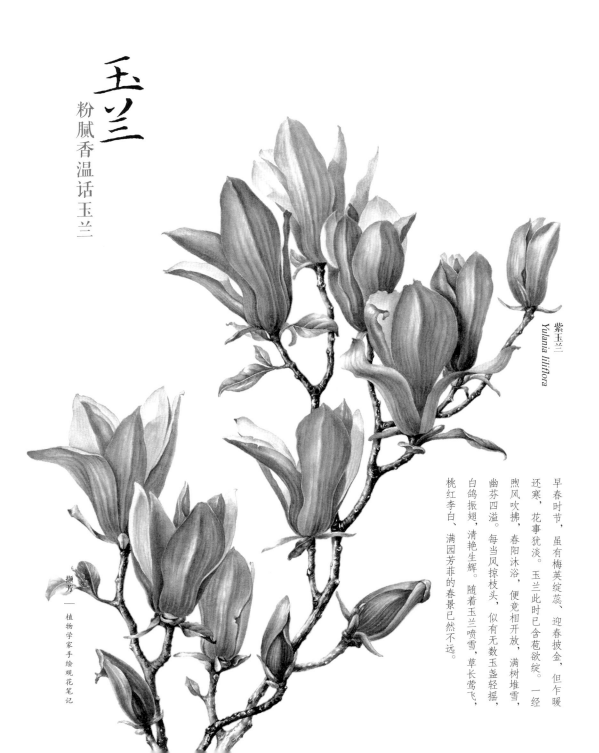

玉兰

粉腻香温话玉兰

紫玉兰
Yulania liliiflora

早春时节，虽有梅英绽蕊、迎春披金，但乍暖还寒，花事犹淡。玉兰此时已含苞欲绽。一经煦风吹拂，春阳沐浴，便竟相开放，满树堆雪，幽芬四溢。每当风掠枝头，似有无数玉盏轻摇。随着玉兰喷雪，草长莺飞，白鸽振翅，清艳生辉。桃红李白、满园芳菲的春景已然不远。

撷芳 —— 植物学家手绘观花笔记

引
子

今之玉兰古名为木兰。屈原《离骚》中有："朝饮木兰之坠露兮，夕餐秋菊之落英。"秦代宗敏求在《长安志》中记载："阿房宫以木兰为梁，以磁石为门。"又据南朝梁国任昉《述异记》记载："木兰洲在浔阳，江中多木兰树。昔吴王阖闾植木兰于此，用构宫殿也，七里洲中有鲁班刻木兰为舟，舟至今在洲中，诗家云木兰舟出于此。"浔阳即今之江西九江。可见古时玉兰树还可用于建造宫殿和船只。玉兰未绽之花蕾，入药名"辛夷"，为传统良药。《本草图经》《本草纲目》等本草典籍中都叙述了她的应用及药用价值。清代皇室重视以玉兰布置庭园。乾隆为庆母后诞辰，在清漪园（颐和园前身）广植花卉，栽植大片玉兰及紫玉兰，花开时节有"玉香海"之美称。

传统佳卉多别名

　　玉兰，又名白玉兰、望春花、玉堂春。为木兰科木兰属落叶乔木，高可达 25 米。叶互生，倒卵形。花大，单生枝顶，先叶开放，钟状。花被（含花瓣与萼片）厚实，形如玉匙，9 片，偶有 12 ～ 15 片；色白微碧，香气似兰。

　　玉兰原产我国，为传统名贵花木，自古备受喜爱。已有 2500 年的栽培历史，且寿命极长，可活上千岁。江苏连云港市云台山有 800 年以上的大玉兰树，其胸径达 3.6 米，高 16 米，而且连年开花，蔚为壮观。

　　但玉兰的名称自古有些混乱。清代陈淏子《花镜》提到："玉兰古名木兰，出于马迹山（江苏）紫府观者为佳，今浙南亦有。"说明现今之玉兰古名为木兰。

　　清朝吴其濬《植物名实图考》云："辛夷即木笔花，玉兰即迎春。余观木笔、迎春，自是两种：木笔色紫，迎春色白；木笔丛生，二月方开，迎春树高，立春已开。""迎春是本名，此地好事者美其花而呼玉兰。"明代王世懋《花疏》道："玉兰早于辛夷，故宋人名以迎春，今广中尚仍此名……"两段描述中，玉兰和迎春的关系极易让人误解。其实，此处之迎春绝非今日所述木犀科之迎春，而是玉兰的另一个古名。而清代孙星衍"迎春开趁早春时，粉腻香温玉斫姿。容易阶庭长得见，人从天上望琼枝"的咏玉兰诗句中，"迎春"自然也指玉兰。而前文提到的辛夷（木笔花），是指紫玉兰，这点并无疑问。只不过，木兰属植物（包括玉兰）的未绽花蕾入药之后也叫辛夷，所以辛夷不仅指紫玉兰，也指相关中药。

至于"玉兰"这一正名的由来，明代王象晋在《群芳谱》中表述得很清楚："玉兰花九瓣，色白，微碧，香味似兰，故名。"玉兰还有玉树的美称。清朝李渔在《闲情偶寄》中说："世无玉树，请以此树当之。"

玉洁香清惹人爱

在众多春花之中，玉兰开花算早的，与她同时者也不过梅花、迎春、二月蓝等屈指可数的几种。其花苞未绽之前，像大大小小的毛笔头，毛茸茸的，样子很萌，恐怕这也是"木笔"之名的由来。然而，花开之后就画风突转，变得清新高雅，仿佛由一个可爱的小女孩变成了风姿绰约、高雅端丽的成熟女子。

早春开花已属难得，更难得的是美得有个性、有格调，极具存在感。于是，自古文人骚客不吝笔墨，极尽赞美之词。赞她雪为胚胎，香为脂髓，莹润皎洁，清丽芬芳，早春盛花时，千枝万蕊，如玉圃琼林，雪山琼岛，烂漫可观。明朝文徵明诗云："绰约新妆玉有辉，素蛾千队雪成团；我知故射真仙子，天遣霓裳试羽衣。影落空阶初月冷，香生别院晚风微；玉环飞燕元相敌，笑比江梅不恨肥。"将玉兰喻作霓裳仙子下凡，绝色玉环再生，并巧妙引用"燕瘦环肥"的典故，点出了江梅清瘦、玉兰丰腴，但各具其美。

作为著名的庭园观赏花木，玉兰在古典庭园中常种植于厅前院后，名"玉兰堂"。文震亨在其造园名著《长物志》中记载："玉兰，宜种厅事前。对列数株，花时如玉圃琼林，最称绝胜。"单位原办公主楼建成于 20 世纪 50 年代初，红墙青瓦，翘角飞檐，古色古香，系我国著名建筑设计大师杨廷宝先生所设计。三层小楼的正面两侧即对称种植了两株玉兰，西侧一株尤其高大，树顶高出屋檐。开花时从三楼就近的办公室望向窗外，簇云堆雪，花朵仿佛触手可及，幽香沁人心脾，堪称美妙而令人艳羡的赏花体验。

"玉堂富贵，竹报平安"八字中蕴含了中国园林中必植的 8 种花木，即玉兰、海棠、牡丹、桂花、竹子、芭蕉、梅花、兰花。玉兰排于第一，足见地位之特殊。

在国人眼中，玉兰是高雅、纯洁的化身，明代张潮甚至在《幽梦影》中称："玉兰，花中之伯夷也……"直把玉兰比作那位被孔子誉为"古之贤人"的伯夷，对玉兰的景仰之情可见一斑。难怪那些名称中带有"木兰"或"玉兰"的事物，都会给人香洁美好的感觉。比如，园林中的玉兰堂、玉兰山庄，又如木兰舟。李商隐的诗："洞庭波冷晓侵云，日日征帆送远人；几度木兰舟上望，不知元是此花身。"意境殊为优美，也点明玉兰可用于造船，但"木兰舟"后来常作为船的美称，并非实指玉兰木所制之船。

玉兰的花含芳香油，可提取配制香精或制浸膏。曾有一款专为中国 2010 年上海世界博览会设计的限定版香水 "Shanghai Bouquet"，其香味即以白玉兰的花香为基调，且瓶身设计的灵感也来自于白玉兰优雅的白色花瓣。

玉兰未绽之花蕾，名辛夷，是医家钟爱的一味香药。其实，几种玉兰属植物（包括玉兰、望春木兰、武当玉兰、紫玉兰等）干燥的花蕾，都叫辛夷，芳香浓郁，于含苞未放时采收、阴干，备用。

花瓣可入馔，尤其是玉兰花饼（有的也称"炸玉兰片"）的做法多部古籍均有记载。明王象晋《群芳谱》："玉兰花瓣择洗净，拖面，麻油煎食至美。"清顾仲《养小录·餐芳谱》道："玉兰花馔。花瓣洗净，拖面，麻油煎食最美。面拖，油钉炸，加糖，先掐，防炮破。"清徐珂《清稗类钞·饮食类》："玉兰花饼者，取花瓣，拖糖面，油煎食之。"明人王世贞于《弇山园记》一文提及，"弇山堂"前"左右各植玉兰五株，花时交映如雪山琼岛，采而入煎"，直接从书房前的玉兰树上摘下盛开的鲜瓣，送到厨房中随即炸制，成品乃是"芳脆激齿"。

对此笔者亦有亲身体验。曾数次捡拾玉兰尚新鲜的落英，回去制作"玉兰饼"。平心而论，并不觉得滋味有多么鲜美，但那股香气却是清新宜人，令人难忘的。

玉兰 —— 粉腻香温话玉兰

还有那种把春花"吃进去"的体验，会带给人一种无以名状的愉悦。

玉兰花瓣捣碎还可制作玉兰花糕等糕点，加白糖腌制的玉兰糖是绝好的甜食馅儿，奇香扑鼻，别有风味。

如此美好的花卉，自是集万千宠爱于一身。20 世纪 60 年代初，玉兰成为"云南八大名花"之一，从 1986 年起，还成为上海的市花。亦广植于欧美各国，名扬中外。如今，在西欧和北美，玉兰也是常见的庭园嘉木，美国白宫中尚有年逾 150 岁的木兰大树。

木兰姊妹望春开

除了玉兰，木兰科木兰属多种花卉都在春季陆续开放，形成了不可忽略的美妙春景。

紫玉兰，又名辛夷、木笔。亦为我国传统佳卉。花色艳丽，享誉中外。花被片 9 ~ 12 枚，外轮 3 枚紫绿色，常早落。内 2 轮花被紫色或紫红色。微有香气。花期 3 ~ 4 月。花蕾晒干后称辛夷，为我国传统中药。

二乔木兰，为玉兰与紫玉兰的杂交种，南方多地有栽培。花先叶开放。花被片近白色、浅红至深红色，大小形状各异，芳香或无芳香。

天目木兰，落叶乔木，高达 12 米。因产于浙江天目山一带而得名。生于海拔 700 ~ 1000 米的林中。花先叶开放，红色或淡红色，芳香。花期较玉兰为早。盛开时千花万蕊，花光照眼，蔚为壮观。

宝华玉兰，产于江苏句容宝华山。生于海拔约 220 米的丘陵地。花被片 9 枚，近匙形，内轮较狭小，白色，背面中部以下淡紫红色，上部白色，可区别于近缘种白玉兰。3 ~ 4 月开花，花硕大而芳香艳丽，为优美而珍贵的庭园观赏树种。因分布狭窄，生境遭破坏，在原产地宝华山的植株数量极为有限，处于濒危状态，已被《国家重点保护野生植物名录》列为重点保护 II 级植物。

宝华玉兰因产于江苏的名宝华山而得名.

春季开花, 花大、色丽、芳香.

为优美的庭园花木.

山茶

山茶烂漫烘晴天

山茶
Camellia japonica

初春的北国，户外犹冰封雪飘，花事寂寥。可在温室之中，或南疆暖地如春城昆明，却已是一派群葩竞艳、生机盎然的宜人风光。尤其是那一树树山茶，娇红嫩白，溢彩流丹，把春色渲染得分外明艳。正是：「古来花事推南滇，曼陀罗树尤奇妍……玛瑙攒成亿万朵，山茶烂漫烘晴天。」

撷芳——植物学家手绘观花笔记

山茶是原产我国的传统名花，在中国的栽培始于三国时期，由野生进入宫廷和庭园栽培已有1800年以上的历史。唐代段成式《酉阳杂俎》续集载:"山茶似海石榴，出桂州（今广西），蜀地亦有。山茶花叶似茶树，高者丈余，花大盈寸，色如绯，十二月开。"宋代栽培山茶之风更盛。陆游中年时曾观赏成都海云寺那"一树千苞，特为繁丽"的茶花，且到年老时仍念念不忘，遂留下"雪里开花到春晚，世间耐久孰如君。凭栏叹息无人会，三十年前宴海云"的诗句。吴自牧《梦粱录》里还记载了南宋京都临安（今杭州）出现了"栽接一本有十色者"的茶花。明代《学圃杂疏》中记载了宝珠茶、黄山茶、白山茶、红白茶梅、杨妃山茶等多个品种。

山茶为山茶科山茶属常绿阔叶灌木或小乔木。叶片椭圆形、长椭圆形、卵形至倒卵形，深绿色，多数有光泽。花顶生，红色。品种繁多，大多为红色或淡红色，亦有白色，多为重瓣。依花瓣多少和变化，可分为四类，即单瓣；夹套：花瓣分二至三层，一朵花有十余瓣；武瓣：外围有五六枚平瓣，中心碎瓣叠集，花蕊杂生于各瓣之间；文瓣：许多平整的花瓣重叠在一起，花形很大，花蕊很小，此为山茶中极品。依花形，可分为宝珠形、牡丹形、玉杯形、磬口形、榴花形等。我国现有山茶品种400多种。

山茶也泛指山茶属植物。据《中国植物志》的记载，山茶属植物全球有280余种，我国有238种，以云南、广西、广东及四川最多。除了山茶、云南山茶、茶梅以及金花

金花茶花色金黄，莹润娇艳，有"茶族皇后"的美誉，又是我国的I级保护植物。

茶，皆为重要的观赏花木。山茶家族中最珍贵的莫过于被《国家重点保护野生植物名录》列为我国 I 级保护植物、有"茶族皇后"美誉的金花茶。20 世纪 60 年代初，当她在广西的深山幽谷中被发现时曾轰动全球植物界，从此倍受瞩目。她花瓣金黄，莹润娇艳，光彩照人，还有药用、食用、材用等多种应用价值。

古来花事推南滇

　　山茶在我国主要分布于长江以南各地，以云南最盛。云南山茶又名南山茶、滇茶。《滇中山茶记》云："茶花最甲海内，种类七十有二，冬末，春初盛开，大于牡丹，一望如火齐云锦，烁日蒸霞。"金庸先生在其经典武侠小说《天龙八部》中，借段誉之口，对云南的茶花进行了大段生动描述，里面涉及"十八学士""十三太保""八仙过海""风尘三侠""红装素裹"等名品，也从一个侧面印证了云南山茶之美妙。

滇山茶产于云南。
花色红艳，品种繁多。

相传云南会城的沐氏西园，曾有几十株 7 米多高的山茶树，数以万计的花朵簇拥着一座名为"簇锦"的高楼，所谓"十丈锦屏开绿野，两行红粉拥朱楼"。云南丽江玉龙雪山半坡某寺中，生长着著名的"万朵山茶"，自立春至立夏，花开 3 个月有余，计 2 万余朵。盛花时满树彤云，华光四射，蔚为壮观，人称"山茶之王"。

云南山茶固然奇甲天下，江南亦不乏名种奇葩。几年前曾在江苏姜堰市溱潼镇"山茶院"（景点名为"花影清皋"）内，有幸见到一株树龄约 1000 年的古山茶，属人工栽培的华东松子山茶，树高 10.5 米，开花最多时达 3 万朵，获"大世界基尼斯之最"称号，被认定为人工栽培时间最长的山茶树，亦被称为"茶花王"。初遇时正值秋日，虽满树青葱，却不甚出奇，但待 2018 年的清明再度相逢之际，那千花万蕊、如火如荼的盛况只能用"惊艳"两字来形容。

山茶烂漫烘晴天

山茶以艳胜。明代李东阳赞她"玛瑙攒成亿万朵，宝花烂漫烘晴天"。明末清初的吴梅村咏苏州拙政园中的山茶诗云："艳如天孙织云锦，赪如姹女烧丹砂。吐如珊瑚缀火齐，映如蟠螭凌朝霞。"除了深红、桃红、银红等常见花色外，白色亦不罕见。北宋诗人黄庭坚就对白山茶青睐有加，曾效法屈原写的《橘颂》，热情讴歌白山茶"高洁皓白，清修闲暇，裴回冰雪之晨，偃蹇皓霜之月"。

一花双色或一株数色的山茶更弥足珍贵。如白瓣洒红点红丝的"倚栏娇"，大红花瓣上洒白点的"牡丹点雪"，深红盘、白粉心、红白相间的"玛瑙茶"，紫红花瓣上洒白色条纹的"紫袍金带"等。至于红白同株的"二乔"，一株着花数色的"十八学士"，更为茶中绝品。

山茶不但姿娇色妍，其耐久品性尤为可贵，故又被誉为"花之寿者"。早花品种在 12 月即可开放，花期历数月之久，诚如陆游所云："雪里开花到春晚，世间耐久孰如君。"明归有光赞曰："虽具富贵姿，而非妖冶容。岁寒无后凋，亦自当春风。吾将定花品，以此拟三公。"将其比拟为辅助国君的"三公"。

明代诗人邓渼在那首长达 200 句的《茶花百韵并序》中称山茶有十绝，即：艳而不妖；寿经三四百年尚如新植；枝干高耸四五丈，大可合抱；肤纹苍润，黯若古云气樽；枝条虬纠，形如鹿尾龙形；蟠根兽攫轮囷离奇，可凭而几，可借而枕；丰叶如幄，森沉苍茂；性耐霜雪，四时常青；次第开放，历两三个月；水养瓶中，十余日颜色不变，堪称对山茶形象最完美的塑造。

茶花，也成就了古今中外不少文学作品的经典形象。比如，法国作家小仲马名著《茶花女》中的主人公玛格丽特，因为随身装扮总少不了一束茶花（一个月里有 25 天戴白茶花，而另外 5 天戴红茶花），而被唤作"茶花女"，她的传奇故事令人感慨唏嘘。

清代蒲松龄《聊斋志异》中的《香玉》篇则讲述了山茶花仙"绛雪"的动人故事，其中所涉及山茶树的原型是明初著名道士张三丰于山东崂山太清宫三官殿手植的一株耐冬（中国分布最北的山茶），至今犹存，估算树龄约有 600 年。

山茶在我国种植普遍，为宁波、金华、温州、景德镇市花，云南省花，大理白族自治州州花。自 18 世纪至 19 世纪，多次传入欧美，业已逐步成为世界名花。

1979 年，邓小平访美时，白宫专门举行盛大国宴，宴会厅内特别装点的来自卡特总统家乡佐治亚州的 1500 支白、粉和红色山茶，姿娇色妍，使现场洋溢着浓郁的春天气息，也彰显了主人的诚意和热情。

然而，对山茶最深的记忆源于 2015 年底的汶川之旅，在映秀镇的汶川特大地震漩口中学遗址中倾覆的教学楼旁，蓦然发现一株昂然伫立的山茶，油润的绿叶衬着鲜红的花朵，分外鲜明，那健康挺拔的身姿与周边的断壁残垣形成强烈对比，一刹那不禁从心底涌出一阵悲恸，叹惋人生无常，数十条鲜活生命转瞬逝去，又感慨生命的顽强和生生不息。山茶是那场灾难的见证者和幸存者，其蓬勃生机和娇艳花朵也是对逝者的祭奠与安慰。

"十德花"有多样功

作为我国著名的传统花木，山茶功用甚多。在园林中适合配置于疏林边缘，或种植于假山旁构成山石小景。若辟以山茶园，则花时艳丽如锦。茶花还可以紧贴墙壁栽种，成为别具风味的贴壁茶花，在英国国家茶花基地——埃奇克姆山花园中就有两幅百年以上历史的茶花"壁画"。

山茶盛开时，正值元旦和春节，花大色艳，花期久长，盆栽或插花装点居室，可令满室春意盎然，也平添许多节日喜气。因对氯气、二氧化硫等有害气体有明显抗性，山茶还适合作为城市的绿化树种。

山茶亦可入馔。朱元璋第五子朱橚写了《救荒本草》，朱橚长子朱有炖写了《救众本草》。两书都载有山茶供食用的内容。《救众本草》曰："山茶嫩叶炸熟，水淘可食，亦可蒸晒作饮。""溜茶花"是从清代流传至今的一种上品甜食，用茶花花瓣拖油或拖面油煎后糁糖即可制成。

山茶花瓣富含多种维生素、蛋白质、脂肪、淀粉和多种微量元素等营养物质，还含有高效的生物活性物质。山茶花瓣可配制各色"沙拉点心"，还可制成山茶糯米粥、茶花饼、山茶花羹、茶花鱼、茶花凤脯、茶花海鲜豆腐等美味佳肴，亦可酿制茶花酒。山茶叶可制作饮料。

山茶种子提炼的茶子油，营养丰富，色清味纯，不饱和脂肪酸含量高达93%，为天然植物油之冠，具有强心、防止多种心脑血管疾病等功效，被誉为"世界上最好的食用油"，特别适合心脑血管病患者食用，亦为女性产后的上好补品。

茶油能抗紫外线，直接搽用能防晒去皱，且常用于高级化妆品。用榨完油脂的山茶籽饼熬汁洗发是湖南衡山当地流传千年的传统，可有效减缓头屑、头痒、脱发等。茶花粉亦为公认的美容佳品。

兰花

兰花无人亦自芳

宋梅

Cymbidium goeringii 'Songmei'

兰花之香，氛氲浓郁，却不刺鼻。清雅纯正，就近嗅之，如吸甘醇，古人认为兰香有『养鼻』之功效。兰花之香，如燃薰艾炷，如丝如缕，幽香远逸。难怪戴复古说：『室有兰花不炷香。』

引子 "一株兰草一面诗，半片娇花千幅画"，古往今来，养兰、咏兰、画兰、写兰者不计其数，留下了大量珍贵品种和墨宝。唐太宗李世民《芳兰》诗中有"日丽参差影，风传轻重香"等妙句。李白的"兰幽香风远"、刘禹锡的"兰在幽林亦自香"皆流传至今。自北宋开始，兰花绘画也逐渐发展起来。宋朝开国皇帝赵匡胤的第十二世孙赵孟坚，和宋末元初画兰名家郑思肖，皆"画兰明志"，且自成一格。

对兰花最初的记忆已经有些模糊，大约是不满 10 岁时，父母的朋友送了一盆尚未开花的兰草。小女孩多半喜欢艳丽的花儿，当时目睹这外形素朴、与草无异的植株，想必第一眼看去说不上喜欢，直到她绽开花蕊，吐露幽香，才即刻被那香味所征服，从此对兰花另眼相看。20 世纪 80 年代，歌手刘文正用他独具魅力的嗓音演唱的校园歌曲《兰花草》，也成了我年少时美好记忆的一部分。

后来大学读了观赏园艺专业，方知兰花就是一类草本植物（极罕为攀援藤本），兰科是个拥有 20000 名成员（700 属 20000 种）的大家族。我国的兰花资源亦十分丰富，拥有 171 属 1200 多种。

广义的兰花是兰科植物的总称，春兰、石斛、卡特兰、蝴蝶兰，都属于兰科。

中国传统上的兰花，主要是原产于我国、花小有香气的兰属地生种，如春兰、蕙兰、寒兰、建兰、墨兰等，在我国有 1000 余年栽培历史，亦被称为中国兰或国兰。依据开花时间可分为春、夏、秋、冬四大类。春季开花类的有春兰、春箭，夏季开花类有蕙兰、台兰（多花兰的变种），秋季开花类的有建兰、漳兰等，冬季开花类的有墨兰和寒兰。近年来，附生性的黄蝉兰、虎头兰、独占春等也很受重视。主要以大花种类为亲本杂交培育出来的大花蕙兰品种系列，观赏价值极高，是当今花卉市场上最受欢迎的品种之一。

洋兰是相对于国兰而言的概念，指国外培育和生产的一些大花型附生种类，如蝴蝶兰、文心兰、卡特兰等。

历史悠久源流长

兰花是我国古老的名贵花卉之一，别名兰草、山兰、幽兰、芝兰，国兰的栽培始于唐末至五代十国期间，至少已有 1000 余年历史。屈原的《楚辞》中已有"余既滋兰之九畹兮，又树蕙之百亩"的诗句。魏晋后，兰花已用于点缀庭园，曹植有"秋兰被长堤"之句。唐宋时，兰花栽培日趋普遍。王维、黄庭坚等诗人都对养兰颇有心得。南宋赵时庚所著《金漳兰谱》和王贵学的《王氏兰谱》为我国最早的兰花专著，记载了 20 多个兰花品种，并介绍了较为详细的栽培方法，至今被誉为养兰的"指导性文献"。元代以后，养兰进入昌盛时期，清代出现了很多养兰的专著。不过，根据当代学者对古代气候和史料的考证，唐末至五代之前的"兰"主要指的是菊科的佩兰及其近缘种。而并非今日所指的国兰(兰科兰属植物)。

尽管"兰"在不同时期指代不同植物，但我国的兰花文化却源远流长、一脉相承。《孔子家语》中即有"芝兰生于深谷，不以无人而不芳；君子修道之德，不为困穷而改节""与善人居，如入芝兰之室，久而不闻其香，即与之化矣"的论述 (有学者考证此处芝兰指的是菊科佩兰)。宋代王贵学在《王氏兰谱》序中亦云："世称三友，挺挺花卉中，竹有节而啬花，梅有花而啬叶，松有叶而啬香，惟兰独并有之。兰，君子也。"因此，兰花在我国自古被誉为"花中君子"和"君子之花"，梅、兰、竹、菊为"四君子"。

兰花,已成为美好事物的寄寓与象征。如"兰时"指良时、春日、春时,"兰期"泛指相会的良辰,"兰章"喻文词之美。赏兰，更可怡情养性、砥砺品格。兰花恬淡素雅的姿韵和"无人亦自芳"的品性，契合儒家的中庸 (中正和谐)、不求名利和宁静淡泊的思想；契合道家返璞归真、天人合一的主张 (道家认为兰系超凡脱俗的祥瑞之物，是天人合一的"精灵"，是道家恬静、谦让、无争等人格境界的精神象征)。兰花的素洁清幽、秀逸天成，契合国人所推崇的廉洁、质朴的情操。兰花，足可体现中国传统文化和哲学的精髓，象征着民族的内敛风华和高洁品性，故兰有"国香""人格之花""民族之花"等美誉。

人云兰有四清：气清、色清、姿清、韵清。

气清，兰香幽远，清而不浊，令人神清气爽，即所谓"兰幽香风远""兰在幽林亦自芳"。

色清，兰花色泽淡雅，以嫩绿、黄绿居多。"雪径偷开浅碧花，冰根乱吐小红芽"，兰并无俗艳之色，却有淡雅之美。

姿清，兰的花与叶互为映衬，相得益彰，纵使无花，亦风姿绰约，疏密有致，在花中殊为可贵，故元代张羽赞曰："泣露光偏乱，含风影自斜；俗人那解此，看叶胜看花。"

韵清，"兰色结春光，氤氲掩众芳"（唐代无可），兰花自有一种恬淡高雅、超逸潇洒之风韵。

兰以香名世。黄庭坚曰："兰之香盖一国，则曰国香。"她花无可比拟，故兰花有"国香""香祖""第一香""王者香"之誉。

工作后在不少地方访过兰，如世界著名的美国长木花园的兰室、泰国清迈兰花园、海南兴隆热带花园"兰花世界"等，皆以热带兰为主，嫣红姹紫、百态千姿，令人目眩神迷。而最熟悉的赏兰地莫过于南京清凉山公园，曾多次去观兰展（以国兰为主角），嗅兰香、品兰韵，并用镜头留下众多兰花的雅姿倩影。

卡特兰

国兰洋兰各自"芳"

兰科花卉中，国兰和洋兰在形貌上对比十分鲜明。

兜兰

传统的国兰，几丛绿叶，朴实无华，与草无异，难怪中国兰又唤兰草，初看无甚出奇，细品方觉潇洒，古人有"看叶胜看花"之说。花色淡雅，翠叶修长，舒朗俊逸，端秀挺拔，清香幽馥，历久不散。国兰胜在香韵与气质。古人云"兰花令人幽"，兰花的端雅幽香令人从容沉静，可涤除凡尘、净化心灵。因此，赏国兰对匆忙浮躁的现代人是绝佳的心灵抚慰和调剂。

洋兰，诸如蝴蝶兰、石斛兰、文心兰、兜兰、卡特兰、万代兰等，花大色丽，奇特多姿。别名美丽囊兰的兜兰，花朵的上唇瓣变异成兜状，就像拖鞋一样，故又名拖鞋兰。文心兰的花朵极像舞姿翩跹的俏丽女郎，难怪又叫跳舞兰。蝴蝶兰盛开时，恰似一群错落有致、轻盈翩飞的彩蝶，分外赏心悦目，有"洋兰皇后"之美誉，备受青睐，常在高级宴会中闪亮"登场"，且特别适合作新娘捧花、胸花，为娇俏的新娘更添魅力。近年来，在我国的年宵花市上，蝴蝶兰、大花蕙兰、文心兰都是俏销的高档盆花。

国兰、洋兰，可谓燕瘦环肥，各具其美。昔日，恬淡纯朴、貌不惊人，而以香韵取胜的国兰深得国人喜爱；而今，花大色丽、光彩夺目的洋兰欣赏者甚众。

可赏可食功用广

兰科植物具有极高的观赏价值。国兰的幽香典雅、洋兰的艳丽多姿，皆悦目赏心。尤其是国兰，适宜盆栽，配以紫砂盆，置于案头或几架上，愈加清雅宜人，开花时可令满室盈香、雅趣横生。

我国兰科植物中可入药者有 200 多种。兰花入馔亦历史悠久。屈原在《九歌·东皇太一》中就提到一种可供祭奠祖先、神灵的兰花饮食"蕙肴蒸兮兰藉"。

明代张应文的《罗钟斋兰谱》云："兰花香味俱佳，无毒可食。……拾其将蜕之花，或用蜜炼过者，或用糖醋同煎熟者，浸为之蔬。"用兰花萼片和花瓣炒的菜，清香鲜爽，堪称上等菜肴。此外，兰花馔还有兰花粥、兰花肉片、兰花火锅、兰花粉全鸡等。

兰花还可泡茶、浸酒。清初的《闽小记》云："建宁人家以蜜渍兰花，冬月点茶，芳香如初摘。"泡茶清香甘甜，茶叶久泡不衰，兰香持久。浸酒则酒香味纯正，不亚于桂花酒。

说到兰花食用，不可不提香荚兰，这种来自中南美洲的兰科植物，是全球最流行的调味料之一，也是第二昂贵的香料，价格仅次于藏红花，俗称"香草"，主要用于为甜品调味。在美国，几乎半数的香荚兰都用于制造冰淇淋，其余则大半用在软性饮料和巧克力上。

因其重要的观赏、药用和经济等价值及需求量的显著增加，近年来兰科植物资源在全世界范围内均遭不同程度的破坏，导致兰科植物大多为珍稀濒危植物，属于《野生动植物濒危物种国际贸易公约》的保护范围，而且占该公约应保护植物的90%以上，是植物保护中的"旗舰"类群。仅举一例：中国的野生兰花中许多是世界级的花卉名品，如兜兰属、杓兰属、兰属、独蒜兰属、万代兰属等。可见，中国的兰科植物是多么宝贵且急需保护的资源，而向有关机构以及社会公众普及兰花科学知识又显得多么必要和紧迫。

2004年春，我有幸去香港嘉道理植物园参加一个环保培训班，也借机了解到香港兰花保育的一些情况。20世纪70年代，由白理桃女士建立了香港本土兰花保育项目。20世纪90年代，嘉道理植物园尝试兰花保育工作。自1997年至2004年就成功繁殖了60种濒危兰花，比如三色石豆兰、紫纹兜兰等。培训班期间，我们来自内地的几位学员，不仅参观了嘉道理的兰花区及香港多家兰圃，还在兰花专家萧丽萍老师的指导下，亲手解剖一朵兰花并了解兰花习性。从此，变得更加关注兰科植物的命运了。

但愿奇妙的兰科植物，能在我们的精心呵护下，为生活频添光彩与富足。

一叶樱

Cerasus serrulata 'Hisakura'

樱花
除看樱花难算春

若说春季是群芳争妍的舞台，那么，红梅吐香、玉兰堆雪、海棠逞艳、月季弄娇，还有樱花簇霞凝云，都是不容错过的美妙场景，所谓「除看樱花难算春」的确有一定道理。

撷芳——植物学家手绘观花笔记

引子

人们通常所说的樱花，是那些经过人工培育、广为栽培的樱花种类。根据分子生物学的证据：绝大多数栽培樱花品种都源自山樱花、大岛樱、霞樱、大叶早樱和钟花樱桃这 5 个野生种，前 4 个在日本本土都有野生分布。日本培育了大量樱花园艺品种，闻名于世。

广义的樱花指樱属（或李属樱亚属）的全部种类，其中有很多种产我国西南地区。狭义的樱花则指人工培育的那些品种，它们主要是在日本用 5 个野生种培育而成的。其中有一种山樱花（*Cerasus serrulata*），除日本之外，在中国长江流域到华北、东北也有分布。其高可逾 20 米。树皮光滑而有光泽，具横纹。叶片卵状椭圆形或倒卵状椭圆形，边缘有锯齿。花先叶开放或同时开放。伞房状或总状花序，花白色或淡粉色，无香味，花期 4 ~ 5 月。

在樱花的众多品种中。早春开花的单瓣品种称为早樱，晚开的重瓣品种称为晚樱。常见种类如下。

东京樱花，又名日本樱花、染井吉野。树高大。花白色至淡粉红色，常为单瓣，有微香。萼片有锯齿。花梗、叶、萼密被毛，花开繁密。3 月中旬始花。为广泛种植的早樱。在南京，鸡鸣寺路和南京林业大学的樱花道，多为此种。盛放时云蒸霞蔚，游人如织，景象壮观。

早花种类，除了染井吉野外，花色深红的钟花樱桃（寒绯樱）亦很典型，以花形紧缩、盛开亦为钟状而得名。还有花深玫红、花丝白色、艳丽可人的椿寒樱，白色单瓣、萼片泛绿有锯齿的大岛樱，花色淡粉、在南京地区开花最早的寒樱等。

晚花种类，尤以日本晚樱为著名。为樱花的变种（山樱花）。叶边有渐尖的重锯齿，齿端有长芒。花常有香气。花期 3 ~ 5 月。花重瓣，花形饱满，花色浓丽。品种甚多。尤其是"关山"，俗称绯红晚樱，为重瓣樱花中分布最广、数量最多的品种，枝条紧凑，不开展。

阳光樱，为钟花樱桃与日本樱花杂交种系下的品种，花期 4 月上旬，花色紫红，花瓣硕大，美艳夺目。南京中山植物园的蔷薇园内，曾有一株日本前首相大平正芳所赠阳光樱。

还有一些比较特别的种类如下：

"一叶"，又名一叶樱，为山樱花的一个品种。花期 3 月中旬至 4 月中旬，花叶同放，雌蕊变成一片叶子的形状，看似花瓣中生出一片小叶，分外别致。花蕾晕红色，全开后粉白，大花瓣多达 30 枚以上，花团锦簇，粉嫩娇媚。

菊樱，又名雏菊樱，花叶同放。花蕾粉色，开后白中泛粉。花瓣可达 100

寒绯樱又名钟花樱桃，
盛开时花型亦为钟状。

枚以上，形似白菊，颇为珍贵。

赏樱当及时

尽管也有十月樱和四季樱这样秋、冬开花的品种，但樱花无疑隶属于春日名葩，且具有极高的观赏价值。姿、色、香、韵皆可圈可点。

论姿态，就株形而言，横、斜、曲、直、垂都有，可分为直枝和垂枝两类。直枝类以树形饱满、分枝密集为佳，如日本樱花、野生早樱等。垂枝类，如红枝垂、八重红枝垂、垂枝早樱等，纤枝下垂，迎风摆动，别有韵致。特别是八重红枝垂，先花后叶，半重瓣，花密而色艳，极为悦目。花型则有单瓣、半重瓣和重瓣。重瓣类花大、瓣多，胜于单瓣类，最佳为菊瓣和台阁，如菊樱、台阁等。

论花色，花瓣有白、粉及红色，亦有黄、紫红等色，尤以黄色品种最为珍贵，如郁金和御衣黄；其次为紫红色，如寒绯樱，明艳夺目。幼叶有红、棕、黄绿、鲜绿等色，绿色最寻常，红褐色最美，如红山樱，红叶白花，"无花也很美"。

论香气，樱花中的青肤樱、日本晚樱等有清淡香气。

论风韵，早花单瓣类樱花，尽管不及晚樱花大色艳，但先叶开放，花朵繁密，开时远望繁英如云；谢时花朵同时飘落，形成独有的"樱花雨"，且落红铺地，亦成佳景。故就总体观赏性而言，单瓣、先花后叶的早樱，完全不输于花重瓣、花叶同放的晚樱品种，甚至略胜一筹。

然不论早樱、晚樱，一株樱花，从开到落，往往不过短短七日。故日本有"樱花七日"的民谚。若在花期遭遇风雨，则会加速落英缤纷。

而与某一株樱花恰逢其时的相会，更需一点运气。记得 2013 年 3 月，南京中山植物园欧洲花卉展期间，分类系统园的一株樱花盛放，恰逢树下四周种植的大片郁金香正当花时，空中"云霞"与地面"锦绣"，不早不迟，就这样邂逅！

仿佛两个彼此倾慕的人，在最好的时光，以最美的容颜遇见对方。这样的场景可遇而不可求。所以，奉劝诸君：赏樱当及时，莫待花落叹空枝。

美名天下知

　　虽然有证据表明栽培樱花源自日本，但我国亦分布着 30 余种樱属植物（即广义的樱花），且早有栽培，秦汉时期已用于装点宫苑。扬雄《蜀都赋》中有"被以樱、梅，树以木兰"等记载。古籍中记载的樱，大都是樱桃（与樱花皆属于樱属），虽然其果实颇受珍重，但咏花的相关诗文却不多见。白居易诗云："亦知官舍非吾宅，且掘山樱满院栽，上佐近来多五考，少应四度见花开。"可见唐朝时樱花已出现于私家庭院。南宋王僧达诗曰："初樱动时艳，擅藻灼辉芳，缃叶未开蕾，红花已发光。"描述的是先花后叶的红色早樱品种。

　　吴其濬《植物名实图考》载："冬海棠，生云南山中……冬初开红花，瓣长而圆，中有一缺，繁蕊中突出绿心一缕，与海棠、樱桃诸花皆不相类。春结红实长圆，大小如指，恒酸不可食。"此处提到的果实酸不可食的冬海棠，与樱花的形态特征一致。

　　樱花被日本人视为百花之代表，奉为"花王"。在奈良时代，赏樱只盛行于权贵之间，到江户时代已普及到平民，变成传统民俗。17 世纪下半叶，赏樱蔚然成风，"或歌樱边，或宴松下，张幔幕筵毡，老少相杂，良贱相混。有僧有女，呼朋引类，朝午晚间，如堵如市"。

　　日语中，"樱时"即指樱花盛开的时节。日本人认为樱花开放时播种稻子能保证丰收，是水稻种植的开始，这也是樱花备受喜爱的现实原因。每年春季，从南部冲绳岛到北部北海道的山野村落都有野生樱花开放，且由南向北，连成一线，次第开放，绯红雪白的花朵堆云簇霞，绵延不断，花期长达数月，景象壮观，情致浪漫。如今，日本政府则把每年 3 月 15 日至 4 月 15 日定为"樱花节"，届时，可谓"十日之游举国狂"，人们倾城而出，携亲邀友，带上佳酿美食，到有大片樱花的地方去赏樱。不论晨昏，在樱树下席地而坐，一边畅饮，一边陶醉于漫天飞舞的"花吹雪"，从中体味到一种纯粹而极度的美丽与洒脱。

樱花不只在日本备受青睐，还赢得了世界各地人们的普遍喜爱。美国华盛顿在每年 4 月举办樱花节。树树樱花云蒸霞蔚、如火如荼，盛装的演员载歌载舞，引来游客无数。

中日建交后，日本多次赠送樱花给我国，形成诸多赏樱胜地，如武汉大学、北京玉渊潭公园、无锡鼋头渚公园、南京梅花山中日樱花林和玄武湖樱洲等。昆明圆通动物园、武汉东湖磨山、青岛中山公园等皆相继举办规模盛大的樱花节。

南京的鸡鸣寺路，是条名副其实的樱花路，从南向北延伸到明城墙解放门，城墙后就是玄武湖。短短 400 米，却为金陵赏樱首选之地，以有"南朝第一寺"美誉的古鸡鸣寺为背景，呈现"花光照海影如潮"的盛况，别有风韵。

美貌的樱花亦可成为美点佳肴。像樱花酒、樱花汤、盐渍樱花、樱花慕斯、樱花果冻、樱花冰淇淋等，均为日本春季的特色时令美食。色泽红艳的"八重关山樱"为最常食用之品种。香味独特的新鲜樱叶冷冻起来，可用于制作樱花饼、樱花粥或泡制樱花茶，或干燥后作调味品。以盐渍樱花浸泡的樱花茶味似淡盐水，无甚出奇，但花瓣溢出的香味，以及在热水中重新绽放、玲珑剔透的模样，却很迷人。樱花茶一直作为访亲、会友的理想饮品。

郁金樱为珍稀的绿樱的一种，
有单瓣和重瓣之分，
以重瓣的居多。
花戎黄绿色。
花瓣上夹带红色条纹。

048
/049

郁金香

『世界花后』郁金香

在南京中山植物园工作已30年的我，每当举办欧洲花卉展时，在流连花丛之余，总欣然发现：所有的赏花人都兴高采烈，愉悦地奔赴这场与春天的约会。杯形、碗形的郁金香，应该是春天对我们最巧妙的馈赠与提示：尽享视觉盛宴，与春天干满杯！

撷芳 — 植物学家手绘观花笔记

引
子

郁金香，是一种曾令人迷醉痴狂的奇妙花卉，围绕她也流传着一些动人传说。最经典的是：一位美少女委托花神，将三位倾慕者分别馈赠的王冠、宝剑和金饰，统统变成郁金香，王冠成花瓣、宝剑成叶子、金饰变球根。故西方人认为郁金香是宝物的化身，为表白爱意的最佳桥梁。

在世界花卉王国荷兰的阿姆斯特丹，坐落着举世闻名的库肯霍夫花园，这座欧洲乃至全球最迷人的花园，占地面积 32 公顷，迄今已举办了 20 多年球根花卉展，每当春季，郁金香、水仙、藏红花、风信子等球根花卉争相绽放，600多万株各式花卉织就出一幅幅令人惊叹的天然图画，引得全球各地来访者如同朝圣般蜂拥而来，徜徉花海，流连忘返。而园中最引人注目的花卉，莫过于有"世界花后"美誉的郁金香，可谓优雅华贵，傲视群芳。当其成排成群绽放之时，则若锦练，似花毡，缤纷绚烂，溢彩流光，令人目醉神迷、心驰神往。

在我国许多城市的公园甚至绿地，盛开的郁金香是不容错过的美丽春景。2014 年的春天，一则有关郁金香的新闻特别激起人们对郁金香的关注与热情。3 月 23 日，中国国家主席习近平和夫人彭丽媛在荷兰国王及王后陪同下参观了一个荷兰郁金香花展。彭丽媛女士应邀将新培育的一种珍稀典雅的鹦鹉型郁金香命名为"国泰"，并按当地传统浇上香槟。"国泰"不仅有"国泰民安"之意，而且"国泰"英文名称"Cathy"在古代西方诗歌中有"中国"的涵义。

那么，郁金香究竟是怎样的一种奇妙花卉？与中国与荷兰又有怎样的渊源与故事？且让我们从头说起。

何处是故乡

广义的郁金香是百合科郁金香属植物的总称，150 多种，产自亚洲、欧洲及北非。自然分布中心在中亚的兴都库什山脉、帕米尔高原至我国的天山山脉。我国自然分布着 13 种郁金香，很多种花朵极美，却不为大众所知晓。比如，原产新疆的伊犁郁金香，橙色而尖的花瓣开后往后翻卷，可谓风姿绰约，且其鳞

"永远的奥古斯都"是十七世纪"郁金香狂热"中最出名的郁金香品种。

茎有甜味，儿童喜食。二叶郁金香，产于浙江与安徽，有着 2 枚宽而短的叶片。在华东一带春天常见的老鸦瓣，白色的花瓣背面镶着紫红色条纹，清秀可人，但那长不及 3 厘米的小花以及低矮的植株，很难让人把她与挺拔、硕大而艳丽的郁金香联系在一起。

我们今日所赏之郁金香，特指百合科郁金香属的 *Tulipa gesneriana* 这个种及其众多的园艺品种。该种原产于土耳其、地中海沿岸一带，在波斯帝国和奥斯曼帝国拥有悠久的栽培历史，在伊朗的货币上可见郁金香图案。16 世纪自土耳其经奥地利传入荷兰。19 世纪末，中国引种郁金香。

郁金香花茎挺拔，玉立亭亭，花形似荷，故又名"旱荷花"，还有洋荷花、草麝香等别名。

品种极多样

郁金香是一种球根花卉，地下生有扁圆锥形的鳞茎。披针形、粉绿色的叶片，挺拔如剑。花朵硕大、直立，花瓣6枚；花形有杯形、碗形、卵形、百合花形及重瓣形等；花色有红、紫、白、橙、黄、黑各色或带洒点、镶边、条纹及腹背双色等；花瓣有全缘、具缺刻、带锯齿或有皱褶等。花期一般在3月下旬至4月下旬。园艺品种极为丰富，多达上万种。

自1955年第14届国际园艺学大会以来，郁金香的注册、登记和分类工作均由荷兰皇家种球学会单独完成。可分为16类：单瓣早花群、重瓣早花群、凯旋群、达尔文杂交群、单瓣晚花群、百合花群、流苏花群、绿花群、伦勃朗群、鹦鹉群、重瓣晚花群、牡丹花型群、考夫曼杂交群、福斯特杂交群、格里克杂交群和混杂群。

其中，黑色、绿色属于较珍稀的花色，鹦鹉型、百合花型、牡丹花型等属于较珍稀的花型。如前文提及的"国泰"，就是由荷兰郁金香世家历时15年精心培育而成的鹦鹉型的郁金香，深紫色羽毛状花瓣，硕大艳丽，高贵典雅。目前全球数量极少，堪称郁金香中的极品。

郁金香，被荷兰、土耳其、匈牙利、伊朗等国奉为国花。欧美一些城市还设立了"郁金香节"。如今，郁金香已在全球各地广为栽培和应用。作为重要的春季球根花卉，她适合布置花坛、花境，亦可丛植；矮茎者宜盆栽，高茎者为切花佳品。火红的郁金香花束是表达爱情的理想礼物，也可用于生日等场合的馈赠。花可除臭辟秽，亦可用作香药。根可宁心安神和镇静。花可食用，制成蜜饯，或烹制成郁金香氽瘦肉丸子、郁金香鸭肝羹等佳肴。

"兰陵美酒郁金香，玉碗盛来琥珀光。但使主人能醉客，不知何处是他乡。"此为唐代大诗人李白之名句。但诗中"郁金香"其实意为郁金散发香味。郁金是姜科植物，其根状茎黄色芳香。

曾惹人痴狂

郁金香于16世纪由西方传教士带入欧洲之后很快风行起来，并且令荷兰人如此着迷，以致一股"郁金香狂热"横扫荷兰。1634 年，炒买郁金香的热潮蔓延为荷兰的全民运动，各阶层的人们均将财产变换成现金，投资于这种花卉，催生了许多疯狂行为，如有人不惜卖掉整座酒厂以换取一只珍贵鳞茎。郁金香种球价格一路飙升，到 1637 年，郁金香的价格与上一年相比，总涨幅高达 5900%！例如，某郁金香名品价值为 3000~4200 荷兰盾，而一名熟练的荷兰工匠年收入才 300 荷兰盾，荷兰人的年均收入仅为 150 荷兰盾。1637 年 2 月，一株名为"永远的奥古斯都"的郁金香售出了 6700 荷兰盾的天价，足可买下阿姆斯特丹运河边的一幢豪宅。然而，狂热过后一场大崩溃接踵而至，郁金香球的价格一夜间一泻千里，无数人因此倾家荡产。而在 1637 年 4 月，荷兰政府决定终止所有合同，禁止投机式的郁金香交易，从而彻底击破了这次历史上空前的经济泡沫。这段历史从大仲马的小说《黑郁金香》中可见一斑，而这种"举国为花狂"的行为在人类历史上可谓绝无仅有。

黑郁金香的故事也令人唏嘘感叹。数百年来，颜色丰富的郁金香家族中都缺乏黑色品种。1955 年,荷兰人格莱曼斯培育出第一个黑色郁金香品种——"夜皇后"，其花蕾为深紫色，盛开时则黑中透红，看上去十分美艳高贵，但色泽还不够深浓。1986 年 2 月，年轻的荷兰栽培家吉尔特·哈格曼育成了光彩夺目、色泽极黑的郁金香，轰动了整个荷兰和全球花卉界，几个世纪的黑郁金香之梦终成现实。黑郁金香，作为郁金香家族中最耀眼的明星、最珍贵的成员，也果然如法国作家大仲马在其小说《黑郁金香》中赞美的那样："漂亮得使人睁不开眼睛，完美得叫人透不过气来。"目前,黑色郁金香还有"黑英雄""黑鹦鹉""小黑人"等品种。

荷兰郁金香

"世界花后"郁金香与"世界花卉王国"荷兰渊源极深，且相互成就。尽管郁金香并非荷兰原产,尽管 17 世纪的"郁金香狂热"制造了史上著名的经济泡沫,殃及无数人，但狂潮散尽之后，人们对郁金香的钟爱却历久不衰，奉她为国花，给了她最高礼遇。如今，郁金香在荷兰更是得天独厚：她与木鞋、风车、奶酪并称为"荷兰四宝"，成为荷兰的象征。荷兰作为全球最大的郁金香种花及种球出口国，所产郁金香畅销120多个国家，出口量占全世界总出口量的80％以上，是名副其实的"郁金香王国"。1977年荷兰女王访华时，曾将郁金香作为珍贵礼物赠给我国。至今那动人的友谊之花每年仍在北京中山公园笑迎宾朋。

春季来约赏

春日里，竞放的百花中，郁金香几乎不会被忽略。单是念念她那五花八门的名称，都觉得趣味盎然。瞧：有五彩缤纷的"红灯""白日梦""粉博瑞""黄绣球""金检阅""紫丁香""黑鹦鹉"和"绿色田野"；有跟战争相关的"胜利""投诚""营救"和"重生"；有"天使""爱人""夜皇后""橙皇帝"和"克劳斯王子"等各色人等；有神话中的"阿拉丁"、小说中的"堂吉诃德"；食有"甜点"；穿戴有"阿玛尼"；游有"华盛顿"和"开普敦"。人类命名的虚拟郁金香世界，如此富足丰饶，令人心生向往。

郁金香，可能是最能体现西方赏花观念的一种花卉。色泽华丽，丰满硕大，花团锦簇，又仪态万千，无愧"世界花后"的美誉。成片绽开时，呈现一种光华夺目、无与伦比的壮美。

晴空丽日，当被阳光透射的花瓣变得通透明亮，大片郁金香闪着丝绸般的耀眼光芒时，会让你屏住呼吸，凝神注目，你会惊叹于生命的蓬勃、纯粹与美丽；心中所有的阴霾与不快，都可能迅速烟消云散，心情变得豁然开朗。那连片的嫣红、嫩紫、明黄、亮橙，色彩如此饱和，仿佛从油画里开出来，似乎浓郁得要溢出来，不赏郁金香，似乎难以真正体会何为"春深似海"。

桃花

桃红又是一年春

单瓣粉桃
Amygdalus persica

每届花时，不论是在乡野，还是庭园，不论是淡妆本真的单瓣粉桃，还是浓妆艳抹的各色碧桃，那份丰盛蓬勃、娇艳灼灼，不由人不把她与春天紧密关联，所谓「占断春光是此花」。

撷芳主人博物学家手绘观花笔记

"东风着意，先上小桃枝，红粉腻，娇如醉，倚朱扉。"阳春三月，草长莺飞，群芳待放，春光明媚。百花丛中，尽管花期不算最早，桃花却被人偏爱，被视为春天的象征。而唐代吴融更以"满树如娇烂漫红，万枝丹彩灼春融"之句，夸赞桃花的浓丽娇艳足可融化春天万物。

历史悠久遍神州

我国是桃的故乡，植桃已有 3000 余年的历史。《诗经·周南·桃夭》中即有"桃之夭夭，灼灼其华。之子于归，宜其室家"之句。汉武帝时，张骞出使西域，将原产我国的桃带到波斯（古伊朗）和印度，然后又传到希腊、罗马等国家。然而桃的拉丁学名以讹传讹竟成了"波斯桃"，应当正本清源。

桃花盛时云蒸霞蔚，景象壮丽，加之桃树易于栽植，历代皇家园林都将桃花视为不可或缺的树种。据载，晋代的华林苑有桃树 738 株、白桃 3 株、侯桃 3 株。唐王仁裕《开元天宝遗事》载："御苑新有千叶桃花。帝亲折一枝插于妃子宝冠上曰：'此个花尤能助娇态也。'"桃花从此又有了"助娇花"的别称。

晋代陶渊明曾在《桃花源记》里描述了一个芳草鲜美、落英缤纷、生活"怡然自乐"的世外桃源。后世，"桃花源"便用来指生活安定而环境幽美之地或避世隐居之所。我国名山大川中，多有桃园胜景，可谓神州处处有桃花。安徽黄山桃花峰下有桃花源、桃花溪几处名胜，触目皆桃花。山西五台山的桃源洞、浙江华盖山的桃花圃，杭州的白堤、苏堤，苏州的桃花坞，每逢阳春三月，皆为品赏桃花之胜境。

到了现代，桃林盛景更为丰富。北京植物园，自 1989 年以来，每年春季都举办桃花节，目前植有桃花 70 余品种、近万株，桃花开时，尚有迎春、玉兰、梅花、樱花、郁金香、牡丹等佳卉陆续相伴，美不胜收，真可谓花开时节动京城。江西庐山，桃花成林，盛花时立于"花径"上的景白亭，纵目峡谷，只见成片桃花，色胜云霞，正应了白居易咏庐山大林寺桃花"人间四月芳菲尽，山寺桃花始盛开。长恨春归无觅处，不知转入此中来"的诗句，既描摹美景，又揭示哲理，耐人寻味。

　　在古都金陵，亦有多处赏桃佳境。据载，蒋山（今南京钟山）宝公塔之西北有桃花坞，南北朝时桃花甚盛，惜后世已不复存。南京栖霞山古桃花涧的桃花景观自宋朝开始就蔚然壮观，连六下江南、五次驻跸栖霞山行宫的清乾隆皇帝，对栖霞山的桃花都钟爱有加。至今，桃花涧两侧的峭壁林间仍有宋人题刻"桃花涧"和"非人间"。位于江苏省农科院内的桃花资源圃建于 1988 年，其桃花近 700 种、4000 多株，整体花期长，花色丰富可观；初夏还会推出"品桃会"，备受市民欢迎。南京六合竹镇的桃花岛，盛花时令人恍然置身世外桃源。

花发烂漫醉春光

　　桃为蔷薇科桃属的落叶乔木。叶椭圆状披针形。花单生，花瓣 5 枚，多为粉红色，变种有深红、绯红、纯白与红白混杂等色。多为复瓣与重瓣种。花期 4 月。

寿星桃植株矮小，
花重瓣辛，密集，红色或白色。

核果近球形，直径 5～7 厘米。果实 6～9 月成熟。

桃品种甚丰，全世界有 3000 余种，我国原产的有 1000 多种，主要分为食用和观赏两大类。

观赏桃常见的有碧桃、绛桃、寿星桃、美人桃、紫叶桃、垂枝桃等诸品。

撒金碧桃，又名日月桃，花半重瓣，白色，有时一枝上兼有红、白两色，或白花而有红色条纹。

紫叶桃花，叶为紫红色，花淡红色，单瓣或重瓣，既可观花又可观叶。

垂枝碧桃，枝下垂，花有深红、纯白、淡红、五宝等色。

塔形碧桃，树形呈窄塔状。垂枝碧桃与塔形碧桃均既可观花又可观树形，较为少见。

菊花桃，花瓣披针卵形，不规则扭曲，边缘呈波状，看起来像无数粉色小菊缀满枝头，为珍贵品种。

寿星桃，植株矮小，节间特短，花重瓣，密集，较小、红色或白色。

垂枝碧桃枝条下垂，
花有白、深红、淡红、五宝等色。

桃花象征春天，又以美艳著称，自古即为诗歌的常见题材。"竹外桃花三两枝，春江水暖鸭先知。蒌蒿满地芦芽短，正是河豚欲上时。"这首诗是苏东坡某年春日自靖江南返时江边情景的写照，以数枝桃花和一群游鸭，渲染出十足的盎然春意。

早春桃花先叶而放，繁葩簇锦。红者妩媚烂漫，白者清逸淡雅。王维以"雨中草色绿堪染，水上桃花红欲燃"诗句描摹了明艳春光。桃盛花时凝霞满林、红雨塞途的烂漫景象，令人迷醉。水滨堤岸，桃柳间植，"三步一桃、五步一柳"，又是一派桃红柳绿的大好春光。色丽重瓣的碧桃，更是美艳非凡。故秦观赞曰："碧桃天上栽和露，不是凡花数。"而李贺的"桃花乱落如红雨"，浪漫唯美的意境令人着迷，又杂着一丝花飞花谢春将尽的怅惋。

意蕴丰富应用广

桃原产于我国，应用历史悠久，易于栽种，功用广泛，几乎遍及全国，与人们的生活休戚相关，积淀了深厚的文化内涵，也备受国人喜爱。麻姑献寿、八仙庆寿等以桃为题材的吉祥图在我国民间屡见不鲜。

除了桃花源的美丽传说外，西王母仙桃宴的神话故事流传最广。连北魏贾思勰《齐民要术》也称："仙玉桃，服之长生不死。"这当然只是善良的愿望，却说明桃在我国文化中是福寿的象征。桃被奉为"仙果"，历为贺寿佳礼。

古时，我国民间认为桃木为西方之精木，能制百鬼、压邪气，遂被供奉为神木，以此驱邪制鬼。昔日百姓常用两块桃木板，上绘神荼、郁垒二像或题二神名，悬挂门房以镇邪制鬼，此桃板也称"桃符"或"门神"。王安石《元日》诗云："爆竹声中一岁除，春风送暖入屠苏；千门万户曈曈日，总把新桃换旧符。"到了宋代桃符又发展为写新春祝词和祷语，以示平安吉祥。

桃李并称，喻女子拥有桃花与李花般的美貌，魏晋曹植《杂诗》有"南国有佳人，容华若桃李"之句。但桃李更多用来比喻优秀人才和学生，人们常把教师培养了众多人才称为"桃李满园""桃李芬芳""桃李满天下"。

广州人每逢年宵花市，喜购红桃，取花名谐音，用来祝愿人们在新的一年里大展宏图（红桃）。

《礼记·月令》中有仲春三月"始雨水，桃始华"的记载。农历三月被称为"桃月"，此时正逢河水解冻，潺潺流水被称为"桃花汛"，又叫"桃花水"，杜甫有"春岸桃花水，云帆枫树林"的诗句。

桃花时节，又是谈情说爱的大好时机，故桃亦被视为青春、爱情和婚姻的象征。

作为著名的观赏花木，桃适合种植于山坡、河畔、石旁、墙边、庭院等处。在水滨将桃与柳间植，可营造出一番春日桃红柳绿的怡人风景。明钱塘人闻启祥建议西湖苏堤和白堤广种桃柳时说："桃如丽人，宜列屏障……桃以色授，正不厌多。"桃花作盆栽、盆景（寿星桃）、切花均极适宜。元旦、春节时在家装点一盆红色桃花或瓶插几枝桃花，寓意为大展宏图。

桃果肉鲜甜，营养丰富，被唐代孙思邈称为"天下第一果"。除鲜食外，桃果亦可制成果脯食用，有益于美容。但《本草纲目》说："多食令人有热。"

桃花入馔由来已久。古人在大年初一有烧桃枝汤喝的习俗，又有在寒食节饮桃花粥的习惯，《金门岁节录》载："洛阳人家，寒食节食桃花粥。"桃花可酿酒、泡茶，制成桃花鳜鱼蛋羹、桃花溜火腿等佳肴。

桃花神奇的美容功效自古被医家所推崇，普遍认为食桃花"令面洁白悦泽、颜色红润"。桃花用来敷面，古已有之。唐代张泌的《妆楼记》载，北齐卢士琛妻崔氏，有才学，春日，以桃花和雪，与儿靧面，云："取白雪，与儿洗面作光悦；取红花，与儿洗面作（如）妍华。"坚持使用桃花面膜，可令颜面细腻光洁，富有弹性，润白如玉。桃枝、桃花亦用于药浴，对皮肤、毛发均有很好的保健护理作用。

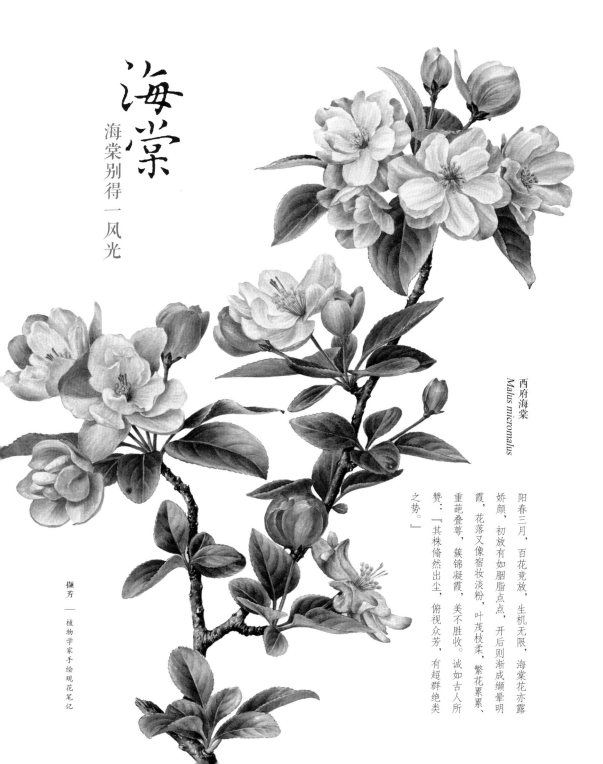

海棠

海棠别得一风光

西府海棠
Malus micromalus

阳春三月，百花竞放，生机无限，海棠花亦露娇颜，初放有如胭脂点点，开后则渐成缬晕明霞，花落又像宿妆淡粉，叶茂枝柔，繁花累累、重葩叠萼，簇锦凝霞，美不胜收。诚如古人所赞：「其株翛然出尘，俯视众芳，有超群绝类之势。」

撷芳——植物学家手绘观花笔记

引子

单说海棠，不免有些含混不清，因花卉中不少种类以海棠为名。不过，最出名的无非两类：蔷薇科的木本海棠，秋海棠科的草本秋海棠。因秋八月开花，秋海棠又名"八月春"，花色粉红，娇柔可人，与海棠倒有些相似。海棠因春日放花，又被称为"春海棠"。但两者并无亲缘关系，因此，若把秋海棠唤作海棠，非但不确切，也极易引起混淆。例如，明代王穉登《荆溪疏》云："善卷后洞秋时，海棠千本并著花，一壑皆丹。"此处海棠既然开于秋季，当为秋海棠。

海棠四品竞逞艳

《群芳谱》云："海棠有四种，皆木本。"即蔷薇科苹果属的西府海棠和垂丝海棠，以及木瓜属的贴梗海棠和木瓜海棠。尽管四种海棠从植物分类学上有明显差异，古人却认为"四姝"颇多相似之处，执意为其建立"美女组合"，号称"海棠四品"。

西府海棠，又名海红、小果海棠，为"四品"之最，今为宝鸡市花，因晋代时生长于关中西府（今陕西宝鸡）而得名。小乔木，高可达5米。树姿直立。花粉红色，盛时如明霞散绮，极娇艳，为其他海棠所不及。亦为常见栽培的果树。

垂丝海棠，乔木。嫩枝、嫩叶均带紫红色。花梗细弱，长2～4厘米，花全开时下垂，繁英纤蔓，迎风摇荡，倍觉柔婉秀逸，可谓"垂丝别得一风光"。有重瓣、白花等变种。

贴梗海棠，为落叶丛生灌木。花柄甚短，紧贴枝干。早春先花后叶，花大，略向下，作磬口状，猩红色，也有红色和白色等品种，宜作盆栽。果熟后黄色芳香，名"皱皮木瓜"，以安徽宣城所产的为最佳，名为"宣木瓜"，有1500余年栽培历史，早在南北朝时期即为"贡品"。

木瓜海棠，现名木瓜，灌木或小乔木。树皮成片状脱落，貌似斑驳沧桑，别有雅趣。3～4月先叶放花，色淡红，也有呈深红、白色或红白相杂的，皆艳丽可观。果实金黄色，木质，芳香，但味涩。因果皮干燥后光滑不皱缩，故有"光皮木瓜"之名。果实还可水煮或浸渍于糖液中供食用。

　　另有一种苹果属的海棠花 *Malus spectabilis*，在华北地区就叫海棠，亦为常见且著名的花卉。枝干峭立，树冠广卵形，高可达 8 米。叶深绿有光泽。花序近伞形，花 4～6 朵，花白色，有粉红色重瓣的园艺变种。花期 3～4 月。

　　还有一种湖北海棠，与垂丝海棠相似，叶缘有细锐锯齿，花粉白色或近白色。

垂丝海棠花梗细弱，
花全开时下垂，
繁英纤蔓迎风摇荡，
柔婉秀逸。

历史悠久芳名远

海棠部分种原产我国，栽培历史悠久。《诗经·卫风·木瓜》中有："投我以木瓜，报之以琼琚。"指的是木瓜海棠。海棠在晋代已出名，荆州刺史石崇在金谷园中广植海棠，却怨其无香，遂发出"汝若能香，当以金屋贮汝"的感叹（《王禹偁诗话》）。自此，海棠被比作美女。到唐代，海棠已备受推崇，贾耽在《百花谱》中封她为"花中神仙"。吴融直言海棠花乃"占春颜色最风流"。唐玄宗曾戏言醉颜残妆的杨贵妃是"海棠春睡未足"。至宋时，海棠更为尊贵。宋人陈思在《海棠谱》序中言明："梅花占于春前，牡丹殿于春后，骚人墨客特注意焉，独海棠一种，风姿艳固不在二花下……"可见，海棠在宋代获得了可比肩梅花、牡丹的至尊地位。

海棠在我国分布很广，南北皆可种植，以蜀地栽培最盛，号称"天下奇绝"，尤以西府海棠闻名于世，与洛阳牡丹、扬州芍药齐名。正所谓"四海应为蜀海棠，一时开处一时香"（唐代薛能《海棠》）。宋人沈立《海棠百咏》开篇亦有"岷蜀地千里，海棠花独妍；万株佳丽国，二月艳阳天……"之句。云南海棠亦自古闻名。《滇中记》云："垂丝海棠高数丈，每当春时，鲜媚殊常，真人间尤物……"如今，海棠广植于各地园林。

南京的莫愁湖，亦以海棠著称，见过一位朋友在阴天摄制的航拍图，灰蓝的湖水，粉红的海棠，葱郁的绿树，中式的亭台，错落有致，且皆镀上一层朦胧色彩，颇有古画风韵。另，南京的静海寺和天妃宫里，均栽植有郑和从西洋带回的海棠。据明代顾起元《客座赘语》载："静海寺海棠，云永乐中太监郑和、王景弘等自西洋携至，建寺植于此，至今犹繁盛，乃西府海棠耳。"

《群芳谱》赞海棠曰："其株翛然出尘，俯视众芳，有超群绝类之势。而其花甚丰，其叶甚茂，其枝甚柔，望之绰约如处女，非若他花冶容不正者比。盖色之美者，惟海棠。视之如浅绛，外英英数点如深胭脂，此诗家所以难为状也。"海棠坚挺峭立，高可达丈余。南宋淳熙年间秦中（今陕西中部）有双株海棠，其高数丈，与周围矮小纤弱的花木相比，自然是"翛然在众花之上"。然海棠最胜在颜色，柔嫩的花瓣，或粉红，或淡红，或白中晕红，宛然少女之面颊，无比柔嫩，不胜娇羞，令人心醉。于是，陆游以"蜀姬艳妆肯让人，花前顿觉无颜色"来赞其花色之胜。唐代郑谷则认为海棠"秾丽最宜新著雨，娇娆全在欲开时"，可谓精辟。

古往今来，无数人为海棠心醉沉迷。苏轼海棠诗云："东风袅袅泛崇光，香雾空蒙月转廊。只恐夜深花睡去，高烧银烛照红妆。"宜兴邵氏庭园中还留存了一株苏东坡当年手植的西府海棠，年逾900岁，犹盛开不衰，成了中外游客慕名而至的一方名胜。南宋陆游"为爱名花抵死狂，只恐风日损红芳"，希望"绿章夜奏通明殿，乞借春阴护海棠"。周恩来总理生前也甚爱海棠，在他中南海的住所，有十几株海棠，每逢盛花时节，常邀友人同赏。而总理家乡的人民，在淮安周恩来纪念馆中也种植了千余株多品种的海棠，以慰英灵。

有趣的是，艳冠群芳的海棠历来被人"诟病"无香。甚至有人戏言："只因人前逞颜色，天工罚取不教香。"北宋彭渊材在《冷斋夜话》中还把"海棠无香"列为自己的"平生五恨"之一。2008年，山东农业大学的研究人员对海棠的气味进行研究，并筛选出若干香味明显的海棠品种，或可摘掉海棠"无香"之帽。

观赏食用亦美颜

海棠丰姿艳质，有"国艳"之誉，为著名的传统花木，种类繁多，娇媚可人，且生长强健，既可地栽、盆栽，又可制作盆景，切枝供瓶插等。在古典园林中常将海棠与玉兰、牡丹、桂花相配植，形成"玉棠富贵"的意境。苏轼诗云："嫣然一笑竹篱间，桃李满山总粗俗。"海棠神韵若笑，在人际交往中，赠送一支海棠花，表示"祝您快乐"。

西府海棠的果称海棠果，酸甜美味。尤其是产于北京郊区及河北怀来、宣化的"八棱（楞）海棠"（西府海棠的一种），酸甜香脆。将秋后刚摘下的八棱海棠果制成冻海棠，果肉凉而酸甜爽口，香而松软，极鲜美。如切片加蔗糖冲水饮用，则口味独特，且有清凉泻火、健脾开胃等功效。还可酿果酒、制饮品，或制成果酱、果丹皮等。

　　贴梗海棠的果——皱皮木瓜，干燥的果实入药名木瓜，为常用中药。其药用功效在《本草纲目》《齐民要术》等古籍中早有记载。木瓜因为被誉为"百益果"，有"杏一益，梨二益，木瓜有百益"的俗语。老年人用木瓜树枝做手杖，可舒筋益气、健身延寿。木瓜果还可作化妆品原料，相关美容产品在北美和欧洲市场颇受欢迎。

贴梗海棠花柄甚短，紧贴枝干，故名。早春先花后叶，花大，作磬口状，猩红色。亦有红色和白色等品种。

小妙方

海棠果糖葫芦

鲜海棠果洗净，控干水分，用竹签穿成串。冰糖适量加开水少许化开，再用文火熬至挑起丝状，将海棠果在冰糖液中滚动几下，然后取出，放在洁净的玻璃板上晾凉即可。

海棠——海棠别得一风光

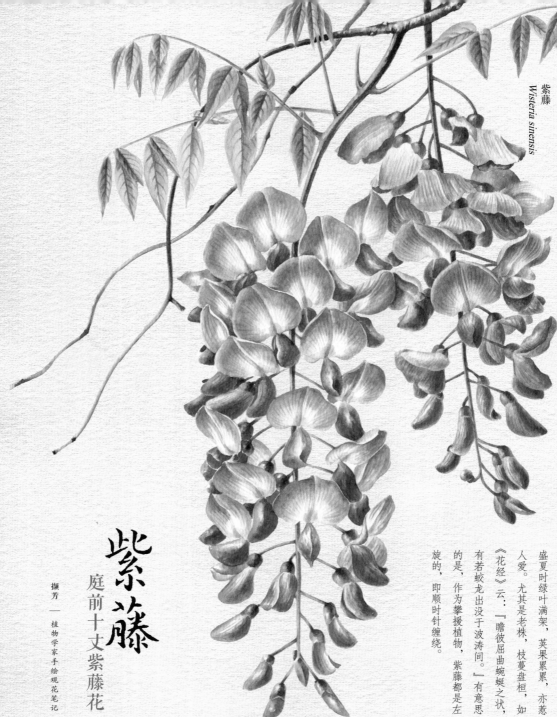

紫藤
Wisteria sinensis

紫藤
庭前十丈紫藤花

撷芳——植物学家手绘观花笔记

盛夏时绿叶满架，荚果累累，亦惹人爱。尤其是老株，枝蔓盘桓，如《花经》云：『瞻彼屈曲蜿蜒之状，有若蛟龙出没于波涛间。』有意思的是，作为攀援植物，紫藤都是左旋的，即顺时针缠绕。

紫花绿叶、浪漫壮观的紫藤是文人画家颇为喜爱的表现题材。李白"紫藤挂云木，花蔓宜阳春；密叶隐歌鸟，香风流美人"的诗作烘托了紫藤花开的美景和雅境。林则徐"垂垂璎珞影交加，翠幄银幡护紫霞。难得国香成伴侣，素心晨夕与天涯"的诗句描绘了艳如紫霞的紫藤与幽香袭人的兰花相伴相依的美妙图画。"翠羽风清夏日凉，紫藤花下静生香。鸡鸣喔喔缘何事，端为群雏觅稻粱"，柳亚子先生的诗生动渲染了农家小院的夏日场景。

在众多春花之中，莫名喜欢紫藤，许是喜欢她的壮观与浪漫。江南的仲春，紫藤盛放之时，常会想起当代作家宗璞《紫藤萝瀑布》中的句子："我不由得停住了脚步。从未见过开得这样盛的藤萝，只见一片辉煌的淡紫色，像一条瀑布，从空中垂下，不见其发端，也不见其终极。只是深深浅浅的紫，仿佛在流动，在欢笑，在不停地生长。"

是的，瀑布，对于盛开的紫藤，恐怕这是最贴切的描述。如若远眺，会恍惚觉得缠绵迷蒙，如同一帘幽梦。而当置身花丛，眯起眼睛，凝视着小精灵般的蝶形紫花，嗅着清幽香气时，你的心会渐渐变得柔软、安宁，如梦似幻的浪漫情境会让人浑然忘我、超然世外，尽享岁月静好。诚如《花经》所云："紫藤缘木而上……仲春著花，披垂摇曳，宛如璎珞，坐卧其下，浑可忘世。"

绿蔓荫浓紫袖垂

紫藤原产我国，栽培历史悠久。西晋嵇含《南方草木状》描述白花紫藤曰："叶细长，茎如竹根，极坚实，重重有皮。花白，子黑，置酒中，历二三十年亦不腐败。"唐代陈藏器在《本草拾遗》中也提到紫藤"子作角……著酒中令不败"。

紫藤为豆科紫藤属落叶藤本，别名藤萝、朱藤、黄环。枝粗壮。奇数羽状复叶。大型总状花序，下垂。花排列密集，着花50～100朵，小花蝶形，单瓣或重瓣，紫色，有白花的变型，芳香，先叶开花，花期4～5月。南京有一种地产的南京藤，为山上的野生种，花色淡紫而带蓝色，形矮，数寸小株亦能开花。国外自1905

年起开始进行种间杂交育种，已育出许多优良的杂交品种。

紫藤属的藤萝与紫藤比较相像，其花冠堇青色，旗瓣圆形，先端圆钝，而紫藤的旗瓣先端略凹陷，花开后反折。

我国紫藤资源十分丰富。吴中四才子之一的文徵明，痴爱紫藤，于苏州拙政园手植紫藤一株，老干欹斜，仿佛虬龙。年逾400岁，仍枝叶葳蕤，年年绽蕾，盛开时节，紫花密密匝匝，"蒙茸一架自成林"正是其生动的写照。

纪晓岚故居阅微草堂的庭院中有一株纪晓岚手植紫藤，300余岁，枝繁花盛，闻名京城。"其荫覆院，其蔓旁引，紫云重地，香气袭人。" 1961年春，老舍先生作诗赞曰 "四座风香春几许，庭前十丈紫藤花"，自是气势非凡。上海市闵行区有个紫藤棚镇，因镇上有一株明朝嘉靖年间文人董宜阳所植紫藤而得名。在南京夫子庙附近的老门东，盛花时云蒸霞蔚的紫藤，给灰砖黛瓦镀上亮色，为古朴街区平添风韵，宛如一幅清新古雅的图画，惹人沉迷。

1818年，英国皇家植物园邱园从我国引入的紫藤，至1835年已覆盖墙面达1800平方米。开花时，蔚然壮观，被公认为世界观赏花卉之奇观。

4月仲春，紫藤盛开，繁英披垂，枝叶茂密，攀藤绕架，芬芳馥郁，所谓"绿蔓浓阴紫袖垂"，极富诗情画意。李方膺、李鱓、恽寿平、齐白石等许多大画家都题画过紫藤。国画中，藤花盛开、小鸟飞翔的场面，寓意紫气东来、祥瑞降临。故在中国民间，每逢节日或喜庆之日，人们喜择国画紫藤图挂于家中，以示庆贺。

日本文化中很偏爱紫藤。《源氏物语》中言及紫藤的可爱："正当惜花送春之时，这藤花独姗姗来迟，一直开到夏天，异常令人赏心悦目。这色彩教人联想起可爱的人儿呢。"著名作家川端康成赞美藤花具有女性的优雅。日本很多地方都有紫藤美景。

不过，有人对紫藤却另有看法。紫藤花叶繁盛，却赖攀缘他物而得；貌似娇美柔弱，却会将其他树木缠得叶黄枝枯。白居易有《紫藤》诗一首，告诫世人警惕那些蜜语甜言、口蜜腹剑的奸佞之徒。诗云："藤花紫蒙茸，藤叶青扶疏。

谁谓好颜色，而为害有余？……柔蔓不自胜，袅袅挂空虚。岂知缠树木，千夫力不如！先柔后为害，有似谀佞徒。附著君权势，君迷不肯诛……"同样是白居易，却又写过"惆怅春归留不得，紫藤花下渐黄昏"的诗句，分明是一种留恋怅惘的情怀。可见，白大诗人未必真讨厌紫藤，不过借物咏志而已。

入馔清香又美味

紫藤的花甜美可食，令人对她倍增好感。过去每到春季，北京人都喜用紫藤花和面制成藤萝饼，为北京名点之一。清末《燕京岁时记》中载："三月榆初钱时采而蒸之，合以糖面，谓之榆钱糕。以藤萝花为之者，谓之藤萝饼。皆应时之食物也。"藤萝饼，皮色洁白如雪，薄如蝉翼，酥松绵软，又略带紫藤清香，入口别具风味。

明代《救荒本草》中则把紫藤花叫作"藤花菜"，可炒食或凉拌。明代高濂在《遵生八笺》中记载："采花洗净，盐汤洒拌匀，入甑蒸熟，晒干，作食馅备用，荤用亦美。"同样是蒸，河南、山东、河北一带，是在蒸米糕时加入紫藤花，做成紫藤糕，清香味美。干紫藤花还可用来烧排骨。紫藤还可以煮粥。金朝学者冯延登称赞：在斋宴之中，紫藤花堪比素八珍的美味。据说，采摘时要采花骨朵未打开的才好吃。新鲜的紫藤花带少量毒素，要焯烫或蒸熟后方可食用。

鲜花含有芳香油，可提取浸膏，作为调香的原料。茎皮纤维洁白有丝质光泽，可制人造棉，又是纺麻的优良原料。

月季

此花无日不春风

"说愁"

Rosa chinensis 'Shuochou'

撷芳

植物学家手绘观花笔记

月季在仲春时节已初现芳容，至暮春『牡丹殊绝委春风』之时，又与蔷薇、玫瑰一同绽放，挽留春光。更难得，『一从春色入花来，便把春阳不放回。雪圃未容梅独占，霜篱初约菊同开』。

"牡丹虽贵惟春晚，芍药虽繁只夏初。唯有此花开不厌，一年长占四时春。"暮春时节，落英缤纷，花事阑珊，当牡丹、芍药已萼残香断之时，月季却"叶里深藏云外碧，枝头常借日边红"，娇艳芳菲，占尽春光，丰姿秀色，令人心驰神往。当代著名作家冰心女士生前对月季也格外推崇，称从小就对这种既浓艳又有风骨的花十分向往。

月季，是"十大名花"中较早"结缘"的一种。然而，对其最初的记忆却是味道而不是容貌。初中时某天在好友家品尝了她父母用院中栽植的月季制作的花酱。哇！那入口的甜美与扑鼻的清香，30多年仍然难忘！在那个物质相对匮乏的年代，年少时品尝月季花酱的经历显得那么美好和珍贵。也许从那时起开始形成有些漂亮的花，如月季，可以食用的概念。

再往后，在很多园林及旅游地见过月季美景，比如1994年在莎士比亚故居一幢半木结构的房屋前，我满怀敬意地用相机拍下了大文豪院中月季的倩影。家里有一个深红色月季的永生花摆件，还有一朵镀金水红色月季胸花（真花），比较隆重的场合才舍得佩戴。

现代月季之祖先

现代月季（*Rosa* cvs），简称月季，千姿百色，芳香馥郁，四季开花，遍植全球，广受喜爱。然而西方植物学家却说："现代月季的生命里，流着中国月季的一半血液。"

蔷薇是蔷薇属植物的通称，我国约有82种，包括月季、蔷薇、玫瑰、木香等名花，除月季外，多为一季开花种。中国古老的月季，如单瓣红色的单瓣月季花 *Rosa chinensis* var. *spontanea*（种加词 *chinensis* 可以说明源于中国）和香水月季 *Rosa odorata*，在1867年之前是全球唯一具有四季开花性状的蔷薇种类，而欧洲等地的蔷薇基本只能一季开花。

月季原产中国，栽培历史悠久。尽管唐诗中似乎未见月季之名，所咏多为蔷薇和玫瑰，但晚唐绢画《引路菩萨图》（发现于敦煌藏经洞，现藏于大英博物馆）中所描绘的月季，几乎与现代月季直立、大花、高芯翘角、小叶 3 ~ 5 枚等特征十分吻合，明显有别于蔷薇与玫瑰。专家考证，中国的古老月季始现于唐朝中期，至宋代宋祁《益部方物略记》始有月季记载："此花即东方所谓四季花者，翠蔓红花，蜀少霜雪，此花得终岁十二月辄一开，花亘四时，月一披季，寒暑不改，似固常守。"明确指出月季四季开花，有别于其他蔷薇属植物的特性。

发展到明代，月季栽培已很兴盛。《本草纲目》中有"月季，处处人家多栽插之"的记载，并介绍了月季的药用价值。明代王象晋《群芳谱》曰："月季一名'长春花'，一名'月月红'，一名'斗雪红'，一名'胜红'，一名'瘦客'。灌生，处处有，人家多栽插之。青茎长蔓，叶小于蔷薇，茎与叶都有刺。花有红、白及淡红三色，逐月开放，四时不绝。花千叶厚瓣，亦蔷薇类也。"明朝，仇英、吕纪等花鸟画家笔下，已出现多种栩栩如生的大花月季。

至清代，月季品种逐渐丰富，"花则尽态，名亦日新"，尤其是江南的苏州，月季之盛，更是超越古今。评花馆主所著《月季花谱》是我国较早详细记载月季种植及品种的专业花谱，被收于《四库全书》内。在开篇中作者赞美月季："种类之多，几与菊花方驾，而今之好月季者，更甚于菊。"篇中介绍了109 个品种，包括上佳品类：蓝田碧玉、金鸥泛绿、朝霞散绮、虢国淡妆等。明清时中国月季品种及栽培技术曾居世界领先地位，且中国月季对世界现代月季的产生和发展所作的贡献，举世公认。

1789 年，中国古老月季中的"月月红"月季、"月月粉"月季首传英国，1809 年，"彩晕"香水月季传入英国，1824 年，"淡黄"香水月季传入英国，这四个珍贵品种传入欧洲后，经过与数种欧洲蔷薇反复杂交，1837 年，首次在巴黎附近育出了杂种长春月季系统（简称HP）的两个品种："海林公主"和"阿贝特王子"，开启了现代月季新篇章。有趣的是，虽名为"长春"，但这个系统的现代月季每年只开 1 ~ 2 次花。

直到 1867 年，一个真正的现代月季新系统——杂种香水月季（简称 HT）

方才面世。此后，品种迅猛增加，如今已成为现代月季中的主要品种群。花色丰富艳丽，四季开花，硕大丰满，挺拔优美，芳香袭人，至今仍居现代月季的主导地位。

拿破仑的皇后约瑟芬，酷爱蔷薇，曾设法收集了几乎全球所有著名的蔷薇品种，人称"蔷薇夫人"。1799 年，她购置了巴黎西部的马尔梅松城堡，并在其中开辟了蔷薇园，雇佣英国园艺师种植各类蔷薇，还让画家为蔷薇写真。到1814 年约瑟芬去世时，这座花园已拥有约 250 种、3 万多株珍贵的蔷薇。1810 年，正在交战的英法双方竟然暂时停火，只为一批珍贵的中国茶香月季，需由英军船只护送，横渡英吉利海峡，安全抵达法国，并在梅尔梅森蔷薇园落户。中国月季不仅是美的化身，更是和平使者，这是一段令人骄傲的历史。

种种事例表明：古老的中国月季毫无疑义是现代月季的祖先。难怪英国植物学家麦克因蒂尔在他的《月季的故事》一书中写道："中国是这一植物的发源地。"

"花中皇后"月月妍

月季为蔷薇科蔷薇属常绿或半常绿直立灌木，因四时常开，故有月月红、四季花、斗雪红等别名。常具钩状皮刺。小叶 3 ~ 5 片。花常数朵簇生，呈红、黄、白、橙、紫等色，芳香。果实红色。在华东地区，如管理得当，花期可从 3 月延续到 12 月。温室栽培甚至可以终年开花不断。

现代月季几乎遍及除热带和寒带以外的世界各地，大致可分为六大类：杂种香水月季、丰花月季、壮花月季、微型月季、藤本月季和灌木月季。品种极丰富，全球有 16000 多种，我国也有千余种。

值得注意的是：蔷薇属中的月季、蔷薇、玫瑰在英语中都叫"rose"。许多人也将它们混为一谈，在文艺作品中更是如此。其实它们之间有显著区别。蔷薇可泛指蔷薇属植物，月季是四季开花的蔷薇类品种的通称；而真正的玫瑰，

"流星雨"　　　　　　　　　　　　"坦尼克"

每年只开一季花，叶面有皱纹，枝上密生刚毛和刺（月季则多仅生钩刺）。

因月季"花开花落无间断，春来春去不相关"，故又有别名"长春花"，惹得诗人感慨"只道花无十日红，此花无日不春风"。诗人陈参政更赞叹："天下风流月季花！"清代经学家孙星衍也附和道："……才人相见都相赏，天下风流是此花。"

其实，风流的月季不但因花期久长为人所称道，也着实是一位姿色香韵俱佳、秀外慧中之美人。她姿韵多变，有妩媚婉约、雍容端雅、洒脱秀逸等，风格迥异。她色彩丰富，几乎涵盖了所有花色。尤以绿色、黑色和蓝色等为珍贵。

因为在自然状态下未出现过蓝色月季，花店里人为染色的"蓝色妖姬"只能算是化妆美人，并非天生佳丽。生物学家一度把培育蓝色月季作为一个重要目标。巧合的是，英文中，"blue rose"有一层意思就是"从未见过的事物"。2004年，澳大利亚Florigene公司，与日本三得利公司合作，采用最先进的生物转基因技术，历经12年，终于成功育出全球第一朵带蓝色素的蓝月季，名唤"喝彩"，花语为"梦想成真"。2008 年 10 月 31 日，蓝月季"喝彩"在日本东京国际花卉博览会首次公开亮相，婀娜娉婷的花枝，舒展丰盈的花瓣，近藕荷的清新色彩，令所有观众为其"美色"而屏息凝神。

如今，月季因其五光十色、仪态万方、芳香馥郁、四时常放、栽培极广而深受世界各国人民的喜爱。在我国，包括首都北京在内的 30 多个城市都将月季选为市花。在国外，月季是美国和英国的国花，享有"花中皇后"的美誉。

2015 年，在法国里昂举办的第十七届世界月季大会上，北京植物园月季园荣获了"世界杰出月季园"奖项，这也是我国园林界所获殊荣。北京植物园月季园 1993 年竣工，采用沉床式设计，轴线布局严整，中部为喷泉广场，目前展区总面积达 7 公顷，展出月季品种近 1500 个、10 万余株，以其良好的景观效果、丰富的月季品种以及突出的受公众欢迎程度受到广泛好评。常州紫荆公园是我国收集古老月季品种最丰富的主题月季园之一，2012 年曾荣获"世界月季名园"称号，园中月季盛开时姹紫嫣红、风景绝佳，引来如织游人。

观赏抗污多贡献

现代月季几乎遍布全球，应用也极广泛。在园林中可布置专类园、花坛、花境，亦可作镶边、背景、灌丛等。藤本月季宜装饰花廊、篱架，构成花团锦簇的耀眼景观，是垂直绿化的好材料。月季还可盆栽，微型月季亦适合植为盆景。月季与香石竹、菊花、唐菖蒲号称"世界四大切花"，适作襟花、新娘捧花、花束、餐桌花、喜庆花篮的主花材。代表爱情的红色月季（即通常所指红玫瑰）是情人节赠给心上人的最佳礼物。

月季对二氧化硫、二氧化氮有一定抵抗力，可净化空气。

另外，月季中的某些品种如"墨红"，其鲜花提取的浸膏作为香水、香精、香皂、玫瑰酒等的配香原料。以月季为原料做成的月季花酱、果酱，浓香扑鼻，为美味宜人的甜食馅料。

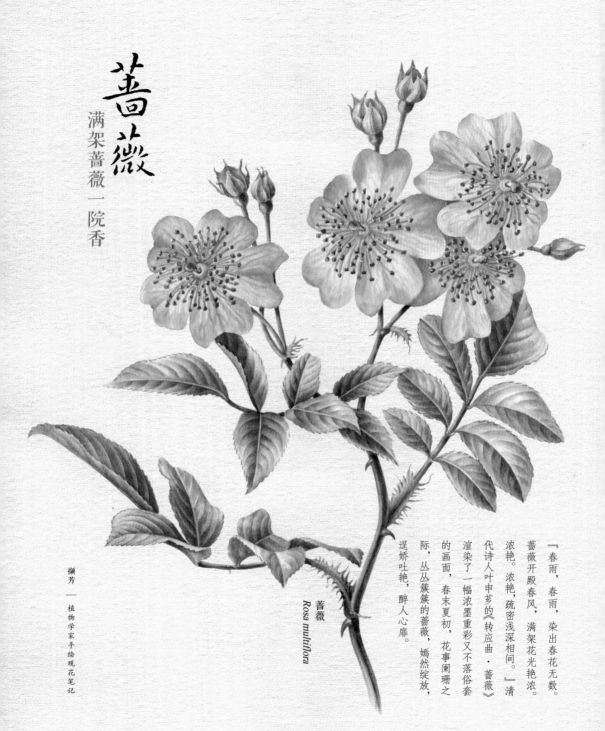

薔薇

满架蔷薇一院香

撷芳 ——植物学家手绘观花笔记

薔薇
Rosa multiflora

「春雨，春雨，染出春花无数。蔷薇开殿春风，满架花光艳浓。浓艳，浓艳，疏密浅深相间。」清代诗人叶申芗的《转应曲·蔷薇》渲染了一幅浓墨重彩又不落俗套的画面，春末夏初，花事阑珊之际，丛丛簇簇的蔷薇，嫣然绽放，逞娇吐艳，醉人心扉。

引子 喜欢许多咏蔷薇的诗，向往那种浪漫情致，像什么"不摇香已乱，无风花自飞""氤氲不肯去，还来阶上香"（梁朝简文帝萧纲），"香云落衣袂，一月留余芳"（明代顾磷）。尤其喜欢唐代高骈的《山亭夏日》："绿树浓荫夏日长，楼台倒影入池塘。水晶帘动微风起，满架蔷薇一院香。"初夏的小院，架上蔷薇密密匝匝、嫣然若笑，醉人的甜香随微风漾满小院。此种情境，该有一位婀娜秀逸如杜丽娘般的古装美女掀帘而出，方不负这良辰美景吧。

　　2018年4月中旬的一个周末，兴冲冲地前往号称南京最文艺街道的颐和路探访蔷薇，原以为当年的花事普遍早，不曾想蔷薇却不疾不徐，仍依循往年的开花时间。细搜了整条颐和路，居然不见蔷薇的粉颊玉颜，只找到几个不起眼的花骨朵。好在，上苍不负爱花人，终于在临近的天竺路找到一大簇初放的七姊妹蔷薇，衬着院中的民国风格建筑、土黄色院墙和仿古街灯，怀旧的思绪油然而生。小院中盛放的黄木香是额外的惊喜，乳黄色的花，密密匝匝，散着清幽香气。不经意转到相邻的灵隐路，马上被一挂宽数丈的硕大白木香"瀑布"惊艳到了，真真是千花万蕊、花团锦簇，美得令人屏息凝神、惊心动魄。感觉人走过去，就会融入这花海之中。

姊妹多佳丽

　　广义的蔷薇指蔷薇科蔷薇属植物，约有200种，我国有82种。我们熟悉的玫瑰、月季、木香，甚至刺梨（缫丝花）等皆属于广义的蔷薇。

　　蔷薇属广泛分布于世界各地，亦为驰名全球的观赏花卉，庭园普遍栽培。

中国蔷薇栽培历史悠久，明代王象晋的《群芳谱》、清代陈淏子的《花镜》和汪灏的《广群芳谱》，已有蔷薇、月季花、玫瑰花、木香花等种类的记载。

欧洲在 18 世纪以前仅有法国蔷薇、百叶蔷薇和突厥蔷薇等少数观赏价值不甚高的蔷薇种类，且缺少四季开花和开黄花的种类。18～19 世纪，中国蔷薇传入英法后，备受西方人士重视，并被用于和欧洲原有品种杂交和反复回交，培育出许多美丽的新品。中国原产的月季花、香水月季、蔷薇、光叶蔷薇和玫瑰在创造现代蔷薇新品种中起了关键作用。

蔷薇属多佳丽名媛，月季、蔷薇、玫瑰、木香、黄刺玫、金樱子等，皆为观赏佳卉。尤其是月季、蔷薇、玫瑰，被誉为蔷薇科"三姊妹"，姿娇色妍，芳名远扬。

狭义的蔷薇多指野蔷薇（*Rosa multiflora*），又名多花蔷薇。因枝蔓柔靡，常依墙而生，由此得名。因丛生郊野，无须专门种植，故别名"野客"。因盛开时花繁色丽，锦绣成堆，故又叫"锦被堆"。还有刺靡、刺红、刺花、白残花等别名。为攀援灌木。圆锥状花序，花白色。果近球形，熟后红褐或紫褐色。花期 4～5 月。蔷薇常见的庭园栽培变种有：单瓣粉红色的粉团蔷薇、重瓣粉红色的七姊妹，以及花色粉红、花瓣大而开张似荷花的荷花蔷薇等。

与蔷薇同期开花的蔷薇属植物有月季、玫瑰、木香、金樱子等。木香花重瓣至半重瓣，小而密，白色或黄色，为理想的攀援花卉，花还可提制香精。金樱子开白花，果实可熬糖及酿酒。

独秀院中央

作为我国传统嘉卉，蔷薇的栽培至迟始于汉代。其"买笑花"的别名，即出自与汉武帝有关的一个典故。《贾氏说林》载：武帝与丽娟看花，时蔷薇始开，态若含笑，帝曰："此花绝胜佳人笑也。"丽娟戏曰："笑可买乎？"帝曰"可"。丽娟遂取黄金百斤，作买笑钱，奉帝为一日之欢。蔷薇在梁武帝的宫

荷花蔷薇花粉色、
　花瓣大而开张,
　　形似荷花。
　与七姊妹相比,
　　色彩较淡雅,
　　花形更加舒展。

廷中已很寻常，至南北朝时已大面积栽培。古时许多美人都爱以蔷薇簪发装饰，所谓："钗边烂漫插，无处不相宜。"

蔷薇在国外也很受推崇。在古希腊，蔷薇寓意为高尚的艺术。中国、埃及、希腊、罗马等文明古国，一直把蔷薇视为崇高和纯洁爱情的象征。欧洲哥特式教堂的彩色玻璃图案，亦出于蔷薇赋予人们的灵感。10世纪时，伊布恩·希纳医生最早发明了用蒸馏法从花中提取芳香油，并且制造出了最早的蔷薇水，可算是现代香水的雏形，甚或是最早的香水。

我国的蔷薇自古就有不少种类，《广群芳谱》云："其类有朱千蔷薇、荷花蔷薇、刺梅堆、五色蔷薇、黄蔷薇、淡黄蔷薇、鹅黄蔷薇、白蔷薇，又有紫者、黑者、肉红者、粉红者、四出者、重瓣厚叠者、长沙千叶者。开时连春接夏，清馥可人，结屏甚佳。"有些种类，比如稀罕的黑蔷薇，是否还有，有待考证。

在诸多种类中，野蔷薇的变种七姊妹格外惹眼。她玲珑娇小，蕊密花丰，浓艳馨香，十分可爱，亦为现下园林及街道上最常见的蔷薇种类之一。明代诗人杨基有一首咏七姊妹的诗："红罗斗结同心小，七蕊参差弄春晓，尽是东风儿女魂，蛾眉一样青螺扫，三妹娉婷四妹娇……"用拟人手法，活画出一群美丽娇俏小姊妹的形象，而"满架蔷薇一院香"算是春末夏初最令人陶醉的小院即景了吧。

入露最相宜

蔷薇是垂直绿化和美化环境的理想材料。宜在庭园中丛植，或依棚架、亭台或墙垣攀援缠绕，以形成花时明艳灿烂的耀眼景观。

因香气幽远持久，蔷薇可提炼香精，又可浸酒窨茶。《花镜》云："野蔷薇一名雪客……但香最甜，似玫瑰，人多取蒸作露，采含蕊拌茶亦佳。患疟者，烹饮即愈。"

蔷薇尤以花露著称。昔日中药铺中有蔷薇露出售。我国早在唐代就开始利用蔷薇露来洗手，据《云山杂记》载，大文学家柳宗元在接到韩愈寄来的诗时，总是先用蔷薇露洗手，方才阅读，以示态度庄重。《广群芳谱》云："蔷薇露出大食国、占城国、爪哇国、回回国……洒衣经岁，其香不歇……"可见蔷薇露有多重功用。清代李渔在《闲情偶寄·饮馔部》中提到，煮饭将熟时浇入花露使饭有异香。又说以蔷薇、香橼、桂花三种花露为上，因为它们与谷性之香者相若，使人难辨，故用之。他又声称："花露者，摘取花瓣入甑，酝酿而成者也。蔷薇最上，群花次之。"而《影梅庵忆语》提到董小宛擅长制作花露，亦很推崇蔷薇花露，认为仅次于秋海棠露。

蔷薇的根、花、果皆可入药。花入药以单瓣白花为好，中医称白残花。《红楼梦》第五十九回中提到湘云要跟宝钗要些蔷薇硝来治杏斑癣。蔷薇硝粉质细腻，对春季内热上蕴、风热外感引发的双颊过敏有一定疗效，也算是一种药妆。《百草镜》说："春月，山人采其花，售与粉店，蒸粉货售，为妇女面药，云其香可辟汗、去黑。"可见蔷薇也有很好的美容功效。

蔷薇还适合熏茶入馔。蔷薇花少量泡水代茶饮，可预防中暑。野蔷薇花煮粥，风味独特、香甜可口。

木绣球

千花簇团木绣球

木绣球

Viburnum macrocephalum

在春天姹紫嫣红的背景下，木绣球显得分外清新脱俗。盛开时，一只只润白浑圆的花球，成堆成簇，缀于枝叶之间，冰清玉洁，丰盛壮观。素白圆满的绣球花有忠贞、希望、永恒的花语，也因其圆形的花朵、美丽的姿态，象征着与亲人无论分开多久都会重聚的美好寓意，故格外受人喜爱。

撷芳 —— 植物学家手绘观花笔记

引子　提及绣球，很多人首先想到的是纺织品做成的圆球，在民间应用历史悠久，被视为吉祥喜庆之物。其实，还有一些以绣球命名的花卉，容貌秀丽且寓意吉祥，自会带给人们别样的美好感受。例如，农历三月，就有一种名为木绣球的花儿应时开放。明人张新作诗赞曰："散作千花簇作团，玲珑如琢巧如攒，风来似欲拟明月，好与三郎醉后看。"

《广群芳谱》载曰："绣球、木本、皴体，叶青色微带黑而涩，春月开，花五瓣，百花成朵，团圞（音 luán，形容圆）如球，其球满树……"

花开如雪团

在《群芳谱》和《广群芳谱》中唤作绣球的木绣球，古名还有雪球、玉团等。陈淏子的《花镜》中则呼她为粉团花："粉团，一名绣球。树皮体皴，叶青而微黑，有大小二种。麻叶小花，一蒂而众花攒聚，圆白如流苏，初青后白，俨然一球。"描述贴切而生动。

木绣球现名绣球荚蒾，亦名大绣球，为忍冬科荚蒾属落叶或半常绿灌木，高达 4 米。枝广展，树冠呈半圆形。聚伞花序直径 8 ~ 15 厘米，近球形，全部由大型不孕花组成，花白色。花期 4 ~ 5 月。原产我国，常见于江苏、浙江、湖北、湖南、四川、福建等地。

即使在芸芸春花之中，木绣球也很出众亮眼，她"鲜秀异常，花大如斗"，在常见花卉中，似这般花形浑圆如球且硕大可观者殊为难得，且木绣球的花色先淡绿后转白，可谓雅致高洁。再者，其花极繁密，明代谢榛《绣球花》有"高枝带雨压雕阑，一蒂千花白玉团"之句，《金陵诸园记》亦有"杞园绣球花，一本可千朵"的记载。

木绣球｜千花簇团木绣球

木绣球因花朵皎洁，常被喻为白雪，如"满树玲珑雪未干"；或喻为流苏，所谓"映户流苏百结团"；北宋朱长文诗中则把（木）绣球的花比作白色蝴蝶，作《玉蝶球》诗云"玉蝶交加翅羽柔，八仙琼萼并含羞，春残应恨无花采，翠碧枝头戏作球"，可谓别具一格。

木绣球在江南园林中十分常见。可孤植于草坪旷地，也可配置于堂前屋后、墙下窗外。在南京的许多公园，木绣球盛开时，皆为一道醒目风景。比如，以绣球花命名的绣球公园中，木绣球胜在连群成片，景象壮观。玄武湖的木绣球，却单株孤立于翠洲中央，一枝独秀，自成佳景。在总统府煦园的湖边，亦有一株木绣球悄然独立，默默绽放，盛开时花球如堆云簇雪，在绿叶陪衬下益显皎洁无暇，宜近观，亦可远眺，有一种令人屏息凝神的圣洁之美。再看她与粉墙、洞门、花窗相映生辉，在绿波中现出婀娜倒影，更加如诗如画，令人沉醉。

常与琼花伴

在园林中，木绣球常与琼花相伴。她俩属于"同族"姊妹。琼花亦属于忍冬科荚蒾属，为半常绿灌木，别名聚八仙。

细察两种花序，不难发现，虽然木绣球的花浑圆如球，琼花的花扁平如盘，但她们都有一个相似"成分"——不孕花。8朵不孕花围合成了琼花花序的外圈，护住了中心细碎如珍珠的可孕花，花序整体呈盘状；而众多不孕花攒成了木绣球圆圆的硕大花球（即球状花序）。两种花序结构和功能的差异，导致了琼花可结果，而木绣球不结果。

这样既形态迥异又有相似之处的两种花卉，种植于一处，仿佛两位佳人并立，容貌俱美却风韵有别，一清丽典雅，一丰满华贵，可谓相映成趣，相得益彰。而木绣球那美却不孕的花序又特别适合用来诠释成语"华而不实"的含义。

在此有必要指出，忍冬科的木绣球经常被人与虎耳草科的绣球混为一谈。后者通常叫作八仙花，又有紫绣球、粉团花等别名。两者可以从株形、花期、花形、花色几方面来加以区分：

木绣球（忍冬科）通常较为高大，树冠常呈半球形，树干下部往往不生枝叶，大型不孕花组成圆球形白色花序，（组成花序的）小花花瓣 5 枚。花期 4 ~ 5 月。

绣球（虎耳草科）较低矮，常形成一圆形灌丛，许多枝叶覆盖于地面。伞房状聚伞花序近球形，小花密集，多数不育，不育花没有花瓣，但有形似花瓣的萼片 4 枚。花多为粉红、淡蓝或白色，花期 6 ~ 9 月。常用作地被植物，南方可配植于庭园阴处，如林下、林缘、棚架及建筑物、山石北面。也可盆栽。花色会随着土壤酸碱度不同而发生变化，或红或蓝或紫，十分有趣，她也因此成为善于"变脸"的花中佳丽。

木香花

木香如瀑春已暮

木香花
Rosa banksiae

暮春时节，蔷薇园里，早已梅香散，樱花落，海棠无踪，但有蔷薇初绽蕊，月季正逞艳，亦有木香在藤架上悄然开放。因其身居「高位」，又往往体型庞大，加之白花者清芬四溢，大有「俯视」群芳之势，成为春末一道靓丽风景。所谓「团雪玲珑粉雾迷，碧天青女舞罗衣。繁枝袅袅缠春梦，檀蕊幽幽沁玉肌」。

撷芳 —— 植物学家手绘观花笔记

引子 | 木香自古受人喜爱。咏木香的诗词也往往富有情致，如唐代邵楚苌的"树影参差斜入檐，风动玲珑水晶箔"，宋代晁咏之"朱帘高槛俯幽芳，露浥烟霏玉褪妆"。人们更推崇她的香气。如宋代刘敞诗云："粉刺丛丛斗野芳，春风摇曳不成行，只因爱学宫妆样，分得梅花一半香。"晁咏之："唤将梅蕊要同韵，羞杀梨花不解香。"因木香花期不长，错过了就得再等一年。宋代张舜民遂感慨道："要待明年春尽后，临风三嗅寄相思。"其实，唐代高骈"水晶帘动微风起，满架蔷薇一院香"的咏蔷薇诗句用于木香也颇为贴切。

蔷薇家族一佳丽

木香是蔷薇科蔷薇属的攀援小灌木，《中国植物志》上叫她木香花，但仍觉得古籍如《群芳谱》中木香之名更古雅。别名木香藤。原产我国西南部，各地广泛栽培。奇数羽状复叶，小叶 3 ~ 5 枚，椭圆状卵形，边缘有细锯齿。伞形花序，花白色或黄色，重瓣或半重瓣，芳香。花期 4 ~ 5 月。

《广群芳谱》云："木香，灌生，条长有刺如蔷薇，有三种，花开于四月，惟紫心白花者为最，香馥清远，高架万条，望若香雪，他如黄花、红花、白细朵花、白中朵花、白大朵花，皆不及。"究其实，木香就是广义的蔷薇中的一种，现常见的为白木香和黄木香。

提及木香之香气，总让我回忆起与她的初次相遇。那还是中学时代，一次在学校的操场邂逅盛放的白花木香，冰清玉洁，密若繁星，从棚架上瀑布般倾泻而下。然而，印象最深刻的却是她的香气，毫不厚重甜腻，只觉清新宜人，闻起来极为舒适。更特别的是，这香味竟让我立即联想到夏日的酸梅汤，这扑鼻的清香和入口的

大花白木香花单生，
白色，重瓣，花香清甜。

木香花｜木香如瀑春已暮

酸甜，不知其中有何关联，却让我至今记忆犹新。当时并不知晓木香之名，直到后来学了花卉专业，才凭着对其香气和模样的印象，确认了中学操场上那令我多次萦绕脑际、念念不忘的正是白木香。

如果说素淡的白木香以香取胜，那么黄木香就相对艳丽。在春天单纯开黄花的花卉里，迎春花的嫩黄色，带了一丝寒意，棣棠花的金黄色，耀眼夺目，显得恣肆张扬。而黄木香即使花开满架，颜色却颇柔和沉静，仿佛春日暖阳，让人顿生亲切之感，有一种想去拥抱的冲动。

花开如瀑芳香溢

木香于晚春至初夏开花，白若雪，黄似锦，盛开时十分壮观。园林中广泛应用于花架、花格墙等作垂直绿化。亦为长廊、栅栏、篱笆、拱门等垂直绿化的良好材料，还可作砧木嫁接树状月季，是极为优良的藤本花卉。

清代张潮在《幽梦影》中认为梅、菊等花卉属于宜于目而复宜于鼻者，而木香、玫瑰等止宜于鼻者。尽管对木香之香气予以充分肯定，但却贬低了木香的观赏价值，似乎失之偏颇。

一来在园林中，藤本花卉本就不多，值得珍视。再者木香其实非常耐看。丛丛簇簇、层层叠叠，深深浅浅，远望十分壮丽，近观，小花又显得十分玲珑秀丽，何况还雅香宜人。

如遇落雨，则别有一番情致。当代散文家汪曾祺先生在《草木春秋》中有诗云：莲花池外少行人，野店苔痕一寸深。浊酒一杯天过午，木香花湿雨沉沉。这是汪先生当年在西南联大求学期间，对莲花池畔雨中木香花的生动描写。

在中国古典园林中，木香的景观十分引人瞩目。苏州拙政园中，有两株130余年树龄的木香，白的攀附于顶部圆形的花架，盛花时恍如一柄巨型花伞或者花亭，玉洁雪白，芬芳四溢；黄的缠绕或覆盖于廊架，花时如锦被绣毯，艳光四射，令人神往。

黄木香花黄色，
重瓣，无香味。

南京的瞻园，堂宇阔深，湖石奇秀，花木葱茏，与苏州拙政园、上海豫园等并称为"江南五大名园"，园中，"木香廊"为名闻遐迩的十八景之一。

木香廊的木香，虽年逾百岁，仍枝繁花茂，青春蓬勃。盛花时，密密匝匝覆盖在青瓦上，又垂枝而下，如瀑布，似珠帘，宛如一幅婉约的中国画。阳光的午后，静坐廊下，抛却杂念，细细看花，不难生出岁月静好的满足感。同时，又有一丝韶华易逝的感慨，有诗云："木香花开易韶华，千古流芳自淡雅。最是人间留不住，清香满庭散天涯。"

除了广泛应用于园林，木香亦可盆栽，还供插瓶。《瓶史》中认为牡丹以玫瑰、蔷薇、木香为婢。除了作衬材，自然也可单独插瓶，几枝木香，可令满室生春。

木香花含芳香油，可供配制香精化妆品。至今民间还有人采集木香花制作香油。清朝顾仲在《养小录》里提到木香花可入露，还介绍了木香花粥的做法：花片入甘草汤焯过，煮粥，熟时入花再一滚。清芳之至，仙汤也。木香花香味宜人，半开时可摘下熏茶，用白糖腌渍后制成木香花糖糕。

单瓣白木香的根皮含鞣质，可供制栲胶，又供药用。不过，古代中药典籍中提到的木香，多指菊科植物中的云木香和川木香，还有的指沉香或马兜铃科的青木香，应用时不可混淆。

玫瑰

旖旎芳菲话玫瑰

玫瑰，堪称百花园中一朵「奇葩」，以其艳色芳香诱人亲近，却又因其枝干多刺而惹人退避。真是可观而不可亵玩焉。

玫瑰
Rosa rugosa

引
子
《说文》曰："玫，石之美也，瑰，珠圆好者。"可见，"玫瑰"二字在中国原指宝石或珍珠。司马相如在其传世名篇《子虚赋》中有"其石则赤玉玫瑰"的记载，此处的"玫瑰"即指一种红色美玉。《汝南圃史》则云："玫瑰，玉之香而有色者，以花之色与香相似，故名……花类蔷薇而色紫香腻，艳丽馥郁，真奇葩也。"玫瑰的色与香，与名为玫瑰的玉相似，由此得名。

色如美玉馨香浓

玫瑰原产于我国华北，以及日本和朝鲜。围绕她，古今中外都有不少传说。欧洲人认为玫瑰是与爱神维纳斯同时诞生的，保加利亚则传说爱神阿佛洛狄忒（即希腊神话中的维纳斯）下凡时，用鲜血浇灌了玫瑰花丛，玫瑰从此才有了鲜红的颜色。芳香浓郁又坚韧多刺的玫瑰，恰可象征爱情之花的甘醇甜美，同时又寓意爱之旅途坎坷不平。难怪，在西方，红玫瑰一向被视为纯真爱情的象征。

玫瑰作为花名，不知究竟始于何时。汉代《西京杂记》有"乐游苑中有自生玫瑰树"的记载，或许指的就是蔷薇属的玫瑰，但无法确证。而唐代徐夤"芳菲移自越王台，最似蔷薇好并栽。浓艳尽怜胜彩绘，佳名谁赠作玫瑰。春城锦绣风吹折，天染琼瑶日照开"的诗句赞美的无疑正是玫瑰。

田汝成《西湖游览志馀》曰："玫瑰花……宋时宫院多采之，杂脑麝以为香囊，芬氤袅袅不绝，故又名徘徊花。亦省称'徘徊'"。南宋吴自牧《梦梁录》载："徘徊，贵官家以花片制作饼儿供筵。"可见玫瑰饼在宋代已面世。

玫瑰花至明朝已开始用于酿酒。"玫瑰花放香如海，正是家家酒熟时"说的是我国"玫瑰之乡"山东省平阴的玫瑰露酒,以气味浓醇闻名于世。清康熙年间,承德已是"家家户户栽玫瑰,庭前廊外飘馨香"。

如今,我国玫瑰栽培十分普遍。兰州苦水川为西北高原的红玫瑰之乡,北京妙峰山上有千亩玫瑰园,山东平阴玫瑰亦驰名天下。

在国外,公元9世纪时,印度人就掌握了玫瑰的加工技术。公元10世纪,当波斯人发明蒸馏法萃取植物精油后,玫瑰就成为人类历史上第一种用来提取精油的花。保加利亚人在16世纪开始用蒸馏水提取玫瑰油,所产玫瑰油品质极好,享誉全球,玫瑰也成为保加利亚的国花。

不与蔷薇谱牒通

玫瑰为蔷薇科蔷薇属落叶直立灌木,高可达2米。枝干多刺。奇数羽状复叶,小叶5~9片,表面多皱纹。花单生或数朵聚生,紫红色,芳香。果扁球形,红色。4~5月开花。园艺品种很多,有粉红单瓣、白花单瓣、紫花重瓣、白花重瓣等。

杨万里《红玫瑰》诗云 :"非关月季姓名同,不与蔷薇谱牒通。接叶连枝千万绿,一花两色浅深红……"明确指出玫瑰与月季、蔷薇并非同种。《广群芳谱》云:"玫瑰一名徘徊花。灌生,细叶多刺。类蔷薇。"更点明了玫瑰几个关键的形态特征。

的确,玫瑰与月季和蔷薇被称为"蔷薇科三姊妹",风韵相似,在许多文学作品中都被叫作"rose",混淆不清。其实,三者仍有明显差别。蔷薇是蔷薇属植物的通称,也特指野蔷薇,花多白色或略带红晕,单瓣或半重瓣。4~5月开花。

玫瑰与月季的主要区别为:月季一年多次开花,一般不具备浓郁的玫瑰花香,花通常大(微形月季除外)而艳,枝刺较少,花多单生。玫瑰只在春季开花,枝上密生刚毛和刺(月季则多仅生钩刺),叶面有皱纹。

花店所售玫瑰,实为各种月季,情人节的红玫瑰自然也就是红色月季。不过,红色月季亦象征爱情。有一则关于"三姊妹"的故事很有意思。1986 年，美国将"rose"定为国花。当被问及美国国花究竟是月季、蔷薇还是玫瑰时，官方机构的回答既风趣又机智，他们引用了莎士比亚的诗句："名字代表什么？我们所称的玫瑰，换个名字还是一样芳香。"可见，玫瑰、月季和蔷薇，都是他们的挚爱。

单瓣白玫瑰是玫瑰的变型。

花可蒸制芳香油，供食用及化妆品用。

花瓣可制饼馅，可酿玫瑰酒。

入馔入露亦美容

玫瑰功用颇丰。《学圃余蔬》说:"玫瑰非奇卉也。然色媚而香,甚旖旎。可食、可佩,园林中宜多种。"清代李渔更赞曰:"花之有利于人,而我无一不为所奉者,玫瑰是也……可囊可食,可嗅可观,可插可戴,是能忠臣其身,而又能媚子其术者也。花之能事,毕于此矣! "

玫瑰味美,明代中医学家卢和在《食物本草》中赞曰:"玫瑰花食之芳香甘美,令人神爽。"玫瑰的花可制成玫瑰酒、玫瑰露、玫瑰酱、玫瑰糖浆、玫瑰甜羹等多种美食,香甜爽口的"玫瑰花酱"可追溯到宋代,后来民间又以玫瑰酿酒、制露、入肴馔。明代王象晋还在《群芳谱》中介绍了玫瑰膏的制法和吃法。玫瑰花饼是典型的玫瑰美食。清代,承德的玫瑰饼因最受乾隆皇帝青睐而一跃成为宫廷御点。

玫瑰露亦为妙品。"一碗水里只用挑一茶匙,就香的了不得呢",连挑剔的贾宝玉也觉得香妙异常。这是《红楼梦》第三十四回中关于"玫瑰清露"的描写。清朝玫瑰花露制作已很普遍,当时苏州虎丘仰苏楼、静月轩出售的花露尤其出名。

然而,玫瑰最重要的功用莫过于鲜花可制芳香油。而玫瑰油,为香料工业和制药工业的重要原料,被誉为"液体黄金"和"精油之后",其市场价格超过同等重量的黄金,玫瑰因而也有"金花"之称。全球最好的玫瑰精油产自保加利亚,据说其中的香味成分超过 200 种。全球的香水过半都含有玫瑰精油的成分。

玫瑰花入药也很受推崇。清代张德裕《本草正义》云:"玫瑰花,香气最浓,清而不浊,和而不猛,柔肝醒胃,理气活血,宣通滞窒,而绝无辛温刚燥之弊,断推气分药之中,最有捷效而最为驯良者,芳香诸品,殆无其匹。"

玫瑰花蕾的养颜奇效自古受人青睐。相传,华清池内长年浸泡着鲜嫩的玫瑰花蕾,这是杨贵妃能一直保持肌肤柔嫩润泽的最大秘诀。慈禧太后常用的化妆品也有玫瑰花汁制成的胭脂与面脂。玫瑰汁敷面,可消除面疮、粉刺,令肌肤细嫩白净。长期食用玫瑰花,可使人拥有清新体香,还可理气平肝,促进血液循环，使肤色红润美丽。

玫瑰还可用纺织品包裹作扇坠、香囊等，《汝南圃史》说："……又取花瓣捣入香屑，制作方圆扇坠，香气袭人，经岁不改。"

玫瑰，是我感受最全面的花卉了，品过玫瑰酱、玫瑰饼，喝过玫瑰茶，抹过玫瑰精油，赏过玫瑰题材的绘画与诗文，还专程去位于溧水的南京玫瑰园领略成片玫瑰的壮观与芬芳。玫瑰的芳艳旖旎，能让人真切体会到生活的甘美，也能感悟到别样的人生哲理。有人说，玫瑰是一种超越植物的文化符号，其象征意义和话题实在太多，再也没有什么花带给人们这么多的遐想。深以为然！

玫瑰果实扁球形，砖红色，光滑圆润，珠为可爱。

琼花

天下无双惟琼花

琼花
Viburnum
macrocephalum
f. *keteleeri*

撷芳——植物学家手绘观花笔记

『东风万木竞纷华，天下无双独此花。』『蕃釐观里琼花树，天地中间第一花。』韩琦《后土庙琼花》云：『维扬一株花，四海无同类，年年后土祠，独此琼瑶贵……』马庄父《贺新郎》载『古来好物难为伴，只琼花一种，传来仙苑，独许扬州作珍产，便胜了，千千万万……』均对琼花给予极高评价，并强调她是扬州独一无二的名花。

有些花是与某座城密切相连的，比如牡丹与洛阳，琼花与扬州。在扬州这座格外被上苍眷顾的城市，花也很特别，有芍药，更有琼花。农历三月，每当琼花开时，南宋进士赵以夫的《扬州慢·十里春风》便涌上心头："十里春风，二分明月，蕊仙飞下琼楼，看冰花剪剪，拥砌玉成毯，想长日，云阶伫立，太真肌骨，飞燕风流，敛群芳，清丽精神，初付扬州。"词中的琼花，就是那飞下琼楼、降临人间的仙女，玉骨冰肌，兼玉环飞燕之娇，集群芳百卉之丽，令人神往痴迷。

维扬名葩誉天下

琼花原产我国，为忍冬科荚蒾属半常绿灌木，别名聚八仙。聚伞花序，分成外围和中央两部分：外围由 8 朵 5 瓣白花环成一圈，花大且不孕。中部为一簇白色小花，细碎，可孕。4 月开花。9 ~ 10 月果实成熟，红色而后变黑色，椭圆形。

琼，比喻事物的美好，也指美玉。在古汉语中，"华"通花。司马相如《大人赋》云："呼吸沆瀣兮餐朝霞，咀噍芝英兮叽琼华。"此处琼华指仙境中的琼树之花。

琼花树姿优美，花序洁白硕大，形如玉碟，8 朵 5 瓣大花围成一周，仿佛群蝶起舞；环绕着中间形似珍珠、密集的白色小花蕾，又恰似蝴蝶戏珠，正所谓"千须簇蝶团清馥，九萼联珠异众葩"（王月浦《琼花》）；又像八位仙人围桌而聚。这种花形，美丽独特，且十分稀有，故备受喜爱，并得"聚八仙"美名。

因琼花开时冰莹玉洁，一派仙姿神韵，故神话故事说她是一位神仙将白玉埋入土中变成的。琼花因此被古人誉为"仙客"（宋代姚宽《西溪丛语》），称作稀世奇花、"中国独特的仙花"和我国的千古名花。

据考证，琼花植于唐代，兴于宋代。1985 年琼花被选作扬州市花，是维扬古城的象征之一，与扬州渊源极深。

对琼花最早的文字记载源于北宋文人王禹偁："扬州后土庙有花一株，洁白可爱，且其树大而花繁，不知实何木也，俗谓之琼花。因赋诗以状其态。"诗云："谁移琪树下仙乡，二月轻冰八月霜，若使寿阳公主在，自当羞见落梅妆……"后土庙又名蕃釐观，后又称琼花观，是维扬城内一座古色古香的千年道观，因观中曾种植天下无双之琼花而名闻天下。相传欧阳修任扬州郡守时，曾于观内琼花树旁筑"无双亭"作为饮酒赏花之所，并写下"琼花芍药世无伦，偶不题诗便怨人。曾向无双亭下醉，自知不负广陵春"的诗句。

大明寺平远楼前树龄超过 300 年的琼花，系清康熙年间主持道宏禅师手植。如今依然繁茂，风姿如故。其子孙——三株琼花，作为日本奈良唐招提寺赠送大明寺日本樱花的回礼，在 20 世纪 80 年代初，东渡扶桑，落户招提寺并茁壮成长。

因琼花太美太独特，明清之后曾流传隋炀帝下扬州看琼花的故事，说隋炀帝听闻琼花绝世之美，遂动用大量人力，开通了著名的隋朝大运河，并乘豪华龙舟前往。可待其来到花前，琼花立即花落满地，遽然死去，炀帝大怒，下令将她砍尽、焚毁。从此，琼花就绝了种。这些传说大多出自明清以后的小说，如《隋炀帝艳史》《隋唐演义》《说唐》等。事实上，直到隋炀帝殁于扬州之前，琼花尚未出现。宋代诗人王禹偁历来被公认为记述扬州琼花的第一人，他到扬州当知府时（公元 996 年）离隋炀帝离世（公元 618 年）已相距 378 年。所以，隋炀帝下扬州看琼花也只是个传说。而传说隋炀帝就是因为要看琼花才开凿运河导致亡国，这黑锅琼花可背不得！

劫后不复当年花

据《齐东野语》记载，宋仁宗和宋孝宗时期，曾分别试图把琼花移栽到汴梁（今开封）和杭州的皇宫禁苑之中，可惜皆逾年而枯，憔悴无花，载还扬州后，却又枯木复苏，因此，人们皆称琼花是有情之物。

《宋杜斿琼花记》记载：宋高宗绍兴年间，金兵南下侵略，扬州琼花也未能幸免，被连根拔去。可是过了一年，被铲的根旁，又生出新芽，加上道士唐大宁的精心培养，终于慢慢恢复原状。但不幸在宋朝亡国那年，蒙古军队南下，观内琼花于扬州城的战火之中，忽然枯萎，一代名花香消玉殒，遂成"绝世之珍"。后来有位道士在琼花故地补植了一株聚八仙。从此，聚八仙与琼花扑朔迷离，难辨真伪。有人在琼花香销玉殒之后，仍登上琼花观，寻觅古琼花的芳踪，感怀思旧："何年创此琼花台，不见琼花此观开。千载名花应有尽，寻花还上旧花台。"

关于聚八仙与琼花的关系，古籍中亦有不少论述。如《韵语阳秋》云：琼花惟扬州后土祠中有之，其他皆聚八仙，近似而非。宋代鲜于子骏诗云："百蓣（花）天下多，琼花天上希，结根托灵祠，地著不可移，八蓣冠群芳，一株攒万枝。"明确指出：聚八仙近似琼花，但琼花仅存于扬州后土祠，他处皆不是。

阐述两者区别最翔实的，恐怕要属宋淳熙年间扬州太守郑兴裔所作《琼花辨》："……不同者有三，琼花大而瓣厚，其色淡黄，聚八仙花小而瓣薄，其色渐青，不同者一也，琼花叶柔而莹泽，聚八仙叶粗而有芒，不同者二也，琼花蕊与花平，不结子而香，聚八仙蕊低于花，结子而不香，不同者三也，余尚未敢自信，尝取花杂示儿辈，皆能识而别之，始乃无疑。"指出两者之间的三点形态差异，描述细致，颇能服人。

20世纪80年代，专家学者钩沉索引、梳理考证了若干关于琼花的史料后，达成了共识：扬州"天下无双独此花""四海无同类"的琼花，在宋朝灭亡以后即已绝迹。此后，有人将聚八仙花视为琼花，于是人们将错就错，普遍认同聚八仙为琼花。

"八仙"清丽续佳话

尽管此琼花非彼琼花，但我们仍可从聚八仙遥想当年琼花的仙姿神韵。宋

琼花的果实是由其花序中间的
一簇细碎小花发育而成的。
入秋渐变红色，美丽耀眼。
琼花也因此成为花果俱美的园林佳卉。

代张问《琼花赋》赞曰："……俪靓容于茉莉，抗素馨于荼卜，笑玫瑰于尘凡，鄙荼蘼于浅俗，惟水仙可并其幽闲，而江梅似同其清淑，真绝代之无双，久弥芬于幽谷……"这是真正的琼花，美得超群出众、不可方物。

聚八仙虽姿色逊于琼花，亦清丽可人，其花形尤其突出：整朵花造型宛若玉盘托珠，或蝴蝶戏珠，晶莹清丽。宋韩琦诗曰："千点真珠擎素蕊，一环明玉破香葩。"入秋则果红如珊瑚，经久不凋，点染了浓艳秋光。

琼花还是一种结构特别、"招蜂惹蝶"功力匪浅的花卉。中部那一簇白色的细碎小花，平淡无奇，却是完全花，可育，能在秋日结出美丽耀眼的红色果实；外围花，虽硕大显眼，却仅具花瓣，并无雌雄蕊，属于不育花，只在春日花期短暂靓丽，典型的华而不实。但其存在的意义不在于自身传宗接代，而是招摇，诱来爱慕者。例如，蝴蝶多半是被外围花吸引而来，亲近的却是可孕的中央花，这就为传粉以及结果作了铺垫。这外围花与中央花的配合，可谓珠联璧合，相得益彰。

说到琼花，就不得不提常与琼花同植一处、相映成趣的绣球荚蒾。在分类上，绣球荚蒾是琼花的一个偶然变异，是从琼花演化而来的、全部为不育花的园艺栽培种，琼花才是野生的原种。但因负责拉丁学名定名的西方植物学家率先发现了前者，后发现的琼花只能屈居绣球荚蒾变型的位置，两者地位的颠倒显然是个美丽而无奈的错误。

牡丹

国色天香话牡丹

牡丹
Paeonia suffruticosa

若说春天是最盛大的花卉秀场，上演的恰是众佳丽你方唱罢我登场的年度大戏。暮春三月，正值谷雨节气，早已梅残樱落，海棠无踪，却有月季逞艳、玫瑰吐芳、蔷薇簇锦。而此时，百花丛中，最亮眼的莫过于「花王」牡丹，谚语云「谷雨三朝看牡丹」，牡丹盛放之时，真可谓「国色朝酣酒，天香夜染衣」，那份雍容华贵、艳态娇香，足可摄魂夺魄，令人目醉神迷。

撷芳——植物学家手绘观花笔记

牡丹"不特芳姿艳质足压群葩，而劲骨刚心尤高出万卉"。相传，称帝后的武则天某日游御花园，一时兴起，下诏催花："明早游上苑，火速报春知。花须连夜发，莫待晓风吹。"虽时值隆冬，但百花慑于皇威，一齐开放，唯牡丹不惧淫威，拒不开放。武后盛怒之下，将她贬至洛阳。结果，牡丹不但在洛阳扎根落户，且格外枝繁叶茂，成了名副其实的"洛阳花"，而今又成为洛阳市花。

历史悠久初为药

牡丹为我国传统名卉，栽培历史已逾 1500 年。但，最初却作为药用植物见载于《神农本草经》，说她"一名鹿韭，一名鼠姑。生山谷。味辛寒。除症坚，瘀血留舍肠胃，安五脏，疗痈创"。1972 年在甘肃省武威县发掘的东汉早期墓葬中，发现医学简牍数十枚，其中亦有牡丹治疗血瘀病的记载。

在秦汉之前，牡丹在很长一段时间内与芍药混为一谈，秦汉时，才从芍药中分出，称为木芍药。约从南北朝开始，牡丹作为观赏植物栽培。不过，日本学者久保辉幸经考证认为：唐代以前的中药典籍所记载的牡丹很可能为紫金牛科的紫金牛之类的种。

到隋唐时期，牡丹种植逐渐兴盛。唐高宗曾召聚群臣设宴，赏双头牡丹（时人称之为"宴赏"），当时还出现了"重台牡丹""千叶牡丹"等珍品。自唐以来，文人雅士亦喜于牡丹开时，列筵聚赏，席间歌舞管弦，吟诗作赋。唐文宗认定中书舍人李正封"国色朝酣酒，天香夜染衣"的诗句为京城牡丹诗第一。从此，牡丹有"国色天香"之美誉，身价扶摇直上。刘禹锡"唯有牡丹真国色，花开时节动京城"的诗句亦反映了当时长安人赏牡丹的痴狂。

至北宋，牡丹始有"花王"之称，培植中心由长安移至洛阳，洛阳牡丹为"天下之冠"，以致那时洛人独称牡丹为"花"，而决不会与他花混淆，发生误解。北宋文学家李格非（李清照之父）《洛阳名园记》曰："洛中花甚多种，而独名牡丹曰'花王'。凡园皆植牡丹，而独名此曰'花园子'，盖无他池亭，独有牡丹数十万本……"洛阳牡丹，风头一时无两。如今，洛阳每年谷雨前后都要举办"洛阳牡丹花会"，届时，"花开花落二十日，一城之人皆若狂"，花海人潮，盛况空前。

北宋末年之后，成都、陈州（今河南淮阳）、天彭（今四川彭州市）、杭州、亳州（今安徽亳县）、曹州（今山东菏泽）等地区，陆续成为牡丹兴盛之地。甘肃临夏、临洮、兰州一带，则形成当地特有的紫斑牡丹种类。清朝时催花技术已达到相当水平，隆冬时即有牡丹花。现全国各地广泛栽培牡丹。在南京，古林公园、高淳千亩牡丹园，还有直接从洛阳移栽牡丹的长江观音景区，皆为赏牡丹之佳境。

国色天香称花王

牡丹别名富贵花、木芍药、洛阳花等。因名品价值千金，所谓"姚魏从来洛下夸，千金不惜买繁华"，故又有别名百两金。为毛茛科落叶灌木。高1～2米。叶片宽大，互生，2回3出羽状复叶。4～5月开花。花单生于枝顶，硕大，芳香。花有单瓣、重瓣，有白、黄、粉、红、紫、绿等色，亦不乏异色、变色品种，如娇容三变，初开微绿，盛开转粉紫，开久大白，奇异隽妙。

牡丹品种逾千。按花型可分为单瓣型、荷花型、葵花型、玫瑰型、绣球型等。园艺品种丰富。老品种有姚黄、魏紫、豆绿、胡红、赵粉、墨魁、烟笼紫、蓝田玉等。尤以"花王"姚黄和"花后"魏紫最为著名，惜大半已断种。新品种有醉玉、香月、粉中冠、紫蓝魁、仙鹤卧雪、蓝海碧波等，亦各具魅力。

暮春时节，百花园中，牡丹以其国色天香统领群芳而号称"花王"，被赞誉为"竞夸天下无双艳，独占人间第一香"。丰姿绝色引得无数人为之俯首倾心，吟咏不绝。李白作于宴饮之际的清平调词三章，即为咏牡丹的代表佳作。"云想衣裳花想容，春风拂槛露华浓。若非群玉山头见，会向瑶台月下逢。"以白牡丹花容烘托杨贵妃的美貌，名花美人相映生辉的情境，着实浪漫动人。唐罗隐诗云"若教解语应倾国，任是无情亦动人"，则把牡丹比作倾国倾城之美人。唐诗人舒元舆更在《牡丹赋》中断言：我案花品，此花第一。还说，牡丹会令玫瑰羞死，芍药自失，天桃敛迹，秾李惭出……而群芳面对牡丹，皆让其先，敢怀愤嫉！

此外，我国不少地区都有一些罕见的牡丹景观。如安徽巢湖市南的银屏山，一株高逾1米的白牡丹，自20米高的绝壁上破石而出，苍健挺拔，绽放时云堆雪簇，清幽绝俗，人称"天下第一奇花"。在云南武定狮子山的正续禅寺内，有明朝建文帝手植的牡丹，花盛之时，每丛开花上百朵，花径最大者28厘米，且历经500余年，盛开不衰，央视报道时称其为"中国牡丹之最"。

牡丹自古便是富贵荣华、繁荣昌盛的象征。周敦颐《爱莲说》中即有"牡丹，花之富贵也"的描述。牡丹与玉兰，象征"玉堂富贵"，与海棠寓意"满堂富贵"，与鱼，即"富贵有余"。牡丹插瓶表示"富贵平安"。俗语云"国兴花发"。

姚黄为牡丹的传统品种，花色淡黄，光彩照人，有花王之美誉。

观赏入馔皆妍妙

牡丹在园林中常植于花台，或专辟以牡丹为主景的牡丹园，常与芍药园相邻。亦为盆栽或瓶插良材。在国内许多牡丹园中，多筑有以牡丹命名的亭廊阁轩，以及雕塑、照壁、壁画等建筑小品，进一步突出了牡丹的形象。自唐代牡丹开始迈出国门以来，现全球数十个国家皆可见到牡丹的芳姿丽影。

因牡丹与芍药相继绽放，风韵相似，许多人将她们混为一谈。牡丹艳冠群芳，被誉为"花中之王"。而芍药著于三代之际，风雅所流咏，芳姿艳质不下于牡丹，故有"花相"之美名，与牡丹并称为"花中二绝"。两者主要区别如下。

看茎秆，牡丹的茎为木质，落叶后地上部分不枯死，被唤作"木芍药"；芍药为草本，茎为草质，落叶后地上部分枯死，故芍药又名"草牡丹"。

看花形，牡丹的花皆独朵顶生，花大；芍药的花则一朵或数朵顶生并腋生，花较牡丹略小。

看叶片，牡丹中部小叶常为 3 裂；芍药的叶均无叶裂，浓绿且较密。

看开花期，牡丹在暮春三月开花，芍药在春末夏初开花，故有"谷雨三朝看牡丹，立夏三照看芍药"之说。

牡丹花大色艳姿娇，为上品花材（《瓶史》将她归为"一品九命"），适制作中大型插花作品，且宜用精美花器来衬托其富贵雍容。

牡丹还是监测大气污染的重要植物。能监测污染大气的"光化学烟雾"中的主要有毒气体"臭氧"，当"臭氧"在大气中含量达到百分之一时，3 小时后，牡丹叶片便会出现斑点伤痕。

牡丹食用始于五代。《复斋漫录》中记载了孟蜀时礼部尚书李昊，每将牡丹花数枝分遣朋友，以兴平酥同赠。曰："俟花凋谢，即以酥煎食之，无弃秾艳。"兴平（今属陕西省）以产酥（油）闻名，可见"酥煎牡丹"历史之悠久，在北宋灭亡后，其烹饪方法还传至杭州一带。明清时已形成较为完满的牡丹食用方法。明代《遵生八笺》云："牡丹新落瓣亦可煎食。"《养小录》载："牡丹花瓣、汤

二乔为牡丹十大名品之一。
花形复色。
同株或同枝能开紫红色和
粉色两种花色。
同朵花亦可紫粉两色相嵌。

焯可，蜜浸可，肉汁烩亦可。"无论滑炒、勾芡还是清炖，浓郁的花香始终不改。

牡丹所酿露酒，色正味醇，清香爽口。牡丹花粥，美味滋补，还有活血调经之功效。多种牡丹肴馔，名目繁多，不胜枚举。菏泽、洛阳等地的牡丹宴，已成为当地饮食业的品牌，广受称赞。其中，起源于唐代武则天时代"天皇饼"的牡丹饼还入围了 2008 年奥运会推荐的食品。

最简单直接的食用方法是将白花牡丹洗净，开水焯，晾凉，挤出多余水分，稍加油（橄榄油尤佳）盐酱醋，据说味道鲜甜、水润、清香、爽脆，令人惊艳。

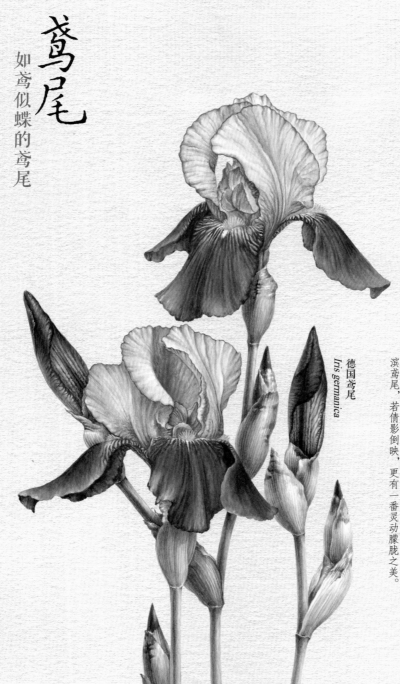

鸢尾

如鸢似蝶的鸢尾

德国鸢尾
Iris germanica

撷芳 ── 植物学家手绘观花笔记

在春花烂漫的 4～5 月，有一类草花，花不甚大，色不甚艳，却以其绰约风姿、浪漫气质，以及成片盛开的美景而引人注目。这就是叶长如剑，犹如菖蒲、花色典雅、形如蝶翅的鸢尾类植物。尤其花盛之时，和风吹拂，翩翩欲飞，轻盈娇媚。水滨鸢尾，若倩影倒映，更有一番灵动朦胧之美。

引
子

吟咏鸢尾的古诗文不算多。清代钟文贞的《蝴蝶花》云："不向花开晒粉衣，偏从花里斗芳菲。谁云祝女裙边幻，岂入庄生梦里飞。曲径烟浓春欲晚，南园风暖绿初肥。香心素艳魂无那，好借滕王妙笔挥。"诗中提到庄周梦中之蝶，善丹青的"滕王"笔下之蝶，写活了蝴蝶花之生动优美。

鸢尾家族多佳丽

鸢尾，可泛指鸢尾属植物，也可仅指鸢尾（ *Iris tectorum* ）。其叶剑形，淡绿色，交互排列成两行。总状花序，花 1～3 朵，蝶形，花冠蓝紫色或紫白色。外花被片的中央面有一行鸡冠状白色带紫纹的突起。4～5 月开花。原产于我国及日本、缅甸。

鸢尾属则是一个全球约有 300 名成员的大家族。我国约产 60 种、13 个变种及 5 个变型，主要分布于西南、西北及东北。对于该属的植物分类，尚存在很大争议。鸢尾类的园艺分类，常根据地下茎的不同形态分为球茎和根茎两大类。在根茎类中，又按花冠上垂瓣的附属物，分为有髯、无髯、饰冠三种类型。

球茎类鸢尾地下茎发育成为球状的鳞茎，如西班牙鸢尾、荷兰鸢尾等。常见栽培的鸢尾，如德国鸢尾、花菖蒲、蝴蝶花等，多属于根茎类鸢尾，其地下茎根状或有粗壮肥大的根茎部分。

在垂瓣基部有毛状附属物的称有髯鸢尾，如德国鸢尾、香根鸢尾。无附属物的称无髯鸢尾，如溪荪、花菖蒲、黄菖蒲等。有冠状附属物的称饰冠鸢尾，如鸢尾、蝴蝶花。

华东地区常见的种类如下：

蝴蝶花：每枚苞片包含 2 ~ 4 朵花。花淡蓝或蓝紫色。花期 3 ~ 4 月。

德国鸢尾：为观赏价值最高的一类鸢尾，园艺品种很多。原产欧洲，我国各地常见栽培。花大而繁多，花色丰富，有白、粉、黄、紫、桃红、紫红、淡紫、蓝紫等色，以及多色镶嵌等，许多品种还有浓郁的花香。花期为 4 ~ 5 月。

黄菖蒲：原产欧洲，我国各地常见栽培。叶片长剑形，花鲜黄色，喜水湿，可在水畔和浅水中生长。花期 4 ~ 5 月。

花菖蒲：为园艺变种，品种很多。花型及颜色因品种而异。花色有白色至暗紫色，斑点及花纹变化很大，单瓣至重瓣。花期 6 ~ 7 月。特别适合在湿地、湖畔或沿溪沟边栽植。

路易斯安那鸢尾：为路易斯安那鸢尾系杂交品种的统称，因大部分原种原产于美国路易斯安那地区而得名。蝎尾状聚伞花序，着花 4 ~ 6 朵，原种有蓝、白、红、黄 4 个色源，花色丰富绚丽。耐湿亦耐旱，但湿地生长明显更好。

此外，还有花大、天蓝色的溪荪，花浅蓝或蓝紫色、内外花被裂片均较狭窄的马蔺等。还值得一提的有喜盐鸢尾，花黄色，外花被裂片提琴形，美观别致，而且较耐盐碱。

金陵城中，南京中山植物园对鸢尾类植物开展了系统研究，收集了丰富种类，春季大片盛开的鸢尾构成一道浪漫的风景线。

花中"彩虹"铸传奇

在我国，鸢尾的记载最早见于汉代的《神农本草经》，古时还称乌鸢。清代《神农本草经赞》有"乌鸢于止，挟势如飞"的描述。鸢尾之名源自她的花瓣像鸢的尾巴。而鸢是鹰科的一种鸟，《诗经 · 大雅 · 旱麓》有"鸢飞戾天，鱼跃于渊"的语句。鸢尾花姿轻盈潇洒，很像飞鸟。《花经》上说她花色娇丽，形如蝶翅，故有别名紫蝴蝶、蓝蝴蝶。唐代苏恭的《新修本草》中提到："花紫碧色，根有小毒。"古代种植的鸢尾类植物，如鸢尾、马蔺（古名蠡实）、蝴蝶花、玉蝉花等，在《礼记》《图经本草》《植物名实图考》《本草纲目》等古籍中都有记载。如宋代宋祁的《益部方物略记》记述玉蝉花曰："石蝉花始生……叶如菖蒲，紫萼五出，与蝉甚类。绿阙相侧。蜀人因名之。又白者号玉蝉花。"

鸢尾在国外亦有悠久的应用历史。1500年前，鸢尾的形象就出现在古埃及的金字塔群中，她代表了"力量"与"雄辩"。

鸢尾是一种富于传奇色彩的花卉。其拉丁学名中的属名"*Iris*"（译音为爱丽丝）在希腊语中意为"彩虹"，而爱丽丝正是希腊神话中的彩虹女神，相传她是奥林匹斯山上的使者，负责把善良的人死后的灵魂，经过天地间的彩虹桥带回天国。至今，希腊人常在自己妻子的墓地种植鸢尾，就是希望她死后的灵魂能托付爱丽丝带回天国。

希腊神话中还有一则与鸢尾有关的唯美故事：珀尔塞福涅（宙斯与农业女神所生之女，后来成为冥后）在被冥神哈迪斯绑架之前，常与海洋女神、月亮与狩猎女神阿耳特弥斯以及雅典娜等仙女相伴，在春天一同采集玫瑰、番红花、紫罗兰、鸢尾、百合、飞燕草和风信子等鲜花。

鸢尾与浪漫国度法国也有密切关联。相传法国的第一任国王克洛维一世接受洗礼时，上帝赠送的礼物就是鸢尾。于是，法国人把花大形美、像翩舞彩蝶和飞翔隼鸢的香根鸢尾定为国花，以鸢尾寓意光明和自由，象征民族纯洁、庄严和磊落。法语中叫作 Fleur De Lis（本义为"百合花"）的鸢尾花形的纹章图案被大量运用于皇宫设计、王室贵族的衣物饰品上，而且在欧美其他不少国家也有广泛应用。

以色列人则普遍认为黄色鸢尾是黄金的象征，故有种植鸢尾的风俗，即盼望能为来世带来财富。以红色为背景的白色鸢尾图样，直到美第奇家族出现以前，都是意大利佛罗伦萨市的标志。鸢尾还是克罗地亚的国花、约旦的国花（一种黑色鸢尾）。

著名的印象派画家凡·高和莫奈都是鸢尾的倾慕者。凡·高画过一系列的鸢尾，最出名的是在他去世前一年，即 1889 年 5 月完成的。《淡紫鸢尾花》是莫奈在荷花池畔绘制的 20 幅鸢尾花作品之一，在历时 10 年的创作过程中，曾多次修改，力臻完美，最终在佳士得拍出 1.06 亿元人民币的天价。

水边池畔最相宜

鸢尾的花如鸢似蝶，风姿绰约，花色丰富明艳，如雨后彩虹；叶片青葱翠绿，似剑若带，在园林中极为常见，可成片种植、布置花坛，因喜水湿，宜布置于水边池畔等。鸢尾也是优美的盆花、切花和花坛用花。

黄菖蒲的根可分解污染物，常用于水体净化。鸢尾对氟化物敏感，可用于监测环境污染。马蔺根系发达，可用于水土保持和盐碱土改良。

德国鸢尾和香根鸢尾的根状茎可提取香料，用于制造化妆品或作为药品的矫味剂和日用化工品的调香、定香剂。国外有用此花制成香水的习俗，但古时应用更广泛。如今，鸢尾精油有时在芳香治疗法中用作镇静剂。鸢尾的根茎或花，还用于调整一些杜松子酒的风味和色泽。

鸢尾全草有毒，尤以新鲜的根茎为甚。比如，变色鸢尾，其根茎含有毒成分，会导致恶心、呕吐、腹泻，但通常不致命。

马蔺的花呈浅蓝或蓝紫色,
花被裂片均较狭窄。
习性耐盐碱,耐践踏,根系发达,
可用于水土保持。
叶可供造纸及编织。

鸢尾 —— 如鸢似蝶的鸢尾

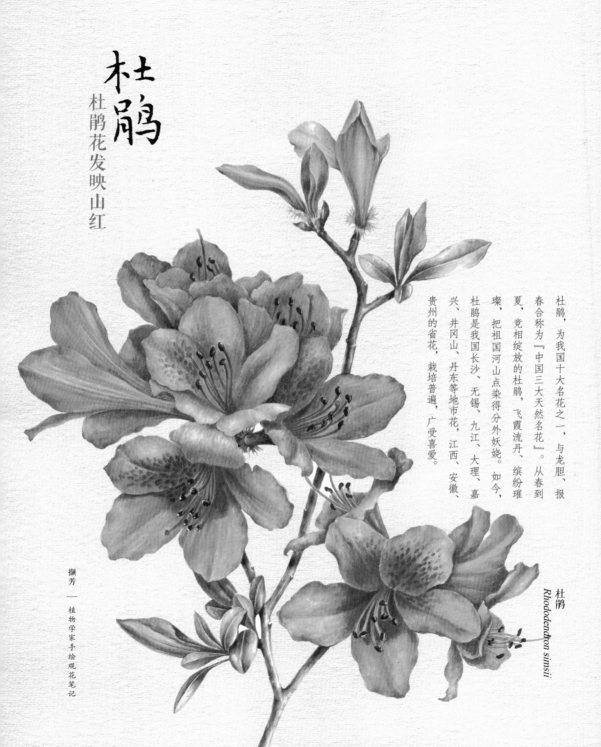

杜鹃

杜鹃花发映山红

杜鹃，为我国十大名花之一，与龙胆、报春合称为「中国三大天然名花」。从春到夏，竞相绽放的杜鹃，飞霞流丹、缤纷璀璨，把祖国河山点染得分外妖娆。如今，杜鹃是我国长沙、无锡、九江、大理、嘉兴、井冈山、丹东等地市花，江西、安徽、贵州的省花，栽培普遍，广受喜爱。

杜鹃
Rhododendron simsii

撷芳——植物学家手绘观花笔记

杜鹃栽培历史甚久。南北朝时的陶弘景在《本草经集注》（公元 492 年）中就有"羊食其叶，踯躅而死"的记载。《本草纲目》记录得更为详细："杜鹃花一名红踯躅，一名山石榴，一名映山红，一名山踯躅，处处山谷有之，高者四、五尺，低者一、二尺……花如羊踯躅而蒂如石榴，花有红者、紫者、五出者、千叶者。小儿食其花，味酸无毒。其黄色者即有毒，羊踯躅也。"

　　年幼时看电影《闪闪的红星》，有一首旋律优美、名为《映山红》的插曲，至今让人记忆犹新。其中"若要盼得哟红军来，岭上开遍哟映山红"两句，当时可谓家喻户晓、人人哼唱。映山红，于是成了我最先耳闻却不相识的杜鹃花科植物。

　　长大学了花卉专业后，方知狭义的杜鹃是指杜鹃花科杜鹃属的杜鹃（*Rhododendron simsii*），映山红是其别名之一，另被唤作照山红、山踯躅、山石榴、红踯躅等。为落叶灌木，高 2～5 米。叶卵形、椭圆状卵形，具细齿。花数朵簇生于枝顶，花冠阔漏斗形，玫瑰色、鲜红色或暗红色，上部裂片具深红色斑点。花期 4～5 月。广泛栽培的园艺品种不下两三百种。

　　而广义的杜鹃泛指杜鹃属植物，全球 900 余种，广布于欧洲、亚洲、北美洲，主产于东亚、东南亚。我国有 540 多种，仅云南就有 300 多个种和变种。株形、叶和花皆变化很大。既有高大乔木，如高 20 余米的大树杜鹃，也有呈匍匐状、垫状或附生型种类，高仅 10～20 厘米，如多枝杜鹃、平卧杜鹃、黄金杜鹃等。叶常绿或落叶、半落叶。花常为伞形总状或短总状花序，稀单花，常顶生，少腋生。花冠漏斗状、钟状、管状或高脚碟状等。花色丰富，有红、粉红、紫红、白、黄、紫、混合色及镶边、嵌条、洒金、复色等色。喉部有深色斑点或浅色晕。

紫蓝杜鹃花呈紫蓝、靛蓝和紫色。

一朝成名天下知

镇江鹤林寺的杜鹃花，在唐时芳名远扬。据《丹徒县志》载："相传唐贞元元年，有外国僧人自天台钵盂中以药养根来种之。"天台山的杜鹃被僧人以钵盂培养的方式带到镇江移植于鹤林寺内，这是有关杜鹃种植的最早记录。宋代诗人王十朋曾移植杜鹃花于庭院，并作诗云："造物私我小园林，此花大胜金腰带。"金腰带为迎春花的别称。清代陈淏子在《花镜》中总结了杜鹃花的栽培经验。清乾隆年间，张泓在《滇南新语》中记述了珍稀的蓝杜鹃："迤西楚雄、大理等均盛产杜鹃，种分五色，有蓝者，蔚然天碧，诚宇内奇品，滇中亦不多见。"

在世界杜鹃花的自然分布中，中国杜鹃种类之多，数量之巨，无可匹敌。中国，遂成为当之无愧的世界杜鹃花资源宝库。长江以南种类较多，尤其是云南、西藏和四川三省区的横断山脉一带，为世界杜鹃花的发祥地和分布中心。

蜀地（四川）所产杜鹃以其花瓣堆叠、色红如血而著称，号"川鹃"。诗云"杜鹃啼处血成花"，杜鹃花系杜鹃鸟啼血染红的传说即与川鹃有关。

而云南杜鹃，种类之繁，资源之丰，更是举世瞩目。其中，映山红、马缨花、大白花等杜鹃种类，在云南的山野之间，成片成林，灿若织锦。

18世纪至19世纪，欧美各国开始大量从我国云南、四川等地采集杜鹃种子和标本，培育出的品种数以千计。19世纪早期，英国人对杜鹃花的兴趣日渐浓厚，不惜重金购置，有的杜鹃花甚至卖到了20多几尼（英国旧金币，1几尼值1镑1先令）。1915年，英国职业采集家傅礼士第一次见到高25米、胸径87厘米，树龄 280 年的大树杜鹃，惊愕之余，锯下径围 2.6 米的木材圆盘，存于伦敦大英博物馆。这件当时全球唯一的大树杜鹃标本，曾引起很大轰动。

花中此物是西施

"……闲折两枝持在手，细看不似人间有。花中此物是西施，芙蓉芍药皆嫫母"，被大诗人白居易誉为"花中西施"的杜鹃，可谓姿色香韵俱佳，且有吉祥、如意、幸福、美好的寓意。

杜鹃花色极为丰富，洁白如雪的大白杜鹃、大喇叭杜鹃，灿黄如金的金黄杜鹃、纯黄杜鹃、殷红似血的马缨杜鹃、火红杜鹃，一种数色的杂色杜鹃、多色杜鹃、多趣杜鹃（花色有白、淡黄、蔷薇至深红色）等，较罕见的蓝色杜鹃则有茶花叶杜鹃（花深紫略带蓝色）和紫蓝杜鹃（花紫蓝、靛蓝、紫色）。此外，还有带斑点色晕的。而诸多花色中，红色杜鹃分外娇艳，所谓"日射血珠将滴地，风翻焰火欲烧人"。难怪杜鹃又有"映山红"之别名。

芳香的杜鹃不多，故尤为珍贵。如开淡黄绿或绿白色花的烈香杜鹃，就有浓烈花香。此外，大果杜鹃、红晕杜鹃、褐叶杜鹃、附生杜鹃、薄皮杜鹃等，花冠亦有香味。

杜鹃姿态变化多端。小者低矮贴地，大者昂然挺立。20 世纪 80 年代，植物学家在云南腾冲县界头的大塘乡，发现一片 30 多株的大树杜鹃林，其中最大的株高 27 米，基部胸径 3.7 米，树龄 630 多年，树冠茂盛、蔽日遮天，绿叶油润，娇花若霞，堪称国宝。重庆的金佛山则发现了国内最古老、树龄千年以上的粗脉杜鹃，人称"杜鹃王"。

杜鹃分布甚广，能适应多种生境。我国许多名山和园林中皆有杜鹃美景。不论是长白山，还是黄山、庐山、衡山、（重庆）金佛山，或是杭州植物园、湖南森林植物园、贵州的百里杜鹃风景名胜区，成群连片的杜鹃盛开时，可谓姹紫嫣红、簇锦凝霞，有一种惊心动魄、令人屏息的壮美。位于贵州毕节西部的百里杜鹃风景名胜区，总面积 125.8 平方千米，每年 3 月中下旬到 4 月底，60 多种杜鹃次第开放时，宛然锦缎绣毯盖岭铺山，缤纷绚烂，被誉为"地球彩带，世界花园"。而在每年 4 月末 5 月初，冰雪初融的长白山顶，高山杜鹃竞相绽放时，铺满坡谷，成为当地最壮丽的春景。

金陵城里，杜鹃常见于公园、绿地和小区。2018 年，南京国防园盛开的杜鹃更是多达 40 多个品种、10 万余株，让人迷醉于花海之中。

杜鹃不但把中华大地装点得"如此多娇"，还是全球名花，为世界各地的庭园增添了无限风光。英国爱丁堡皇家植物园收集的杜鹃品种达 350 多种，驰名世界，且多自云南采集。尽管未曾踏足爱丁堡皇家植物园，却在美国密苏里植物园、新西兰达尼丁植物园和基督城植物园等世界名园，领略过杜鹃盛放的动人春景，且深深铭刻于心。记忆尤其深刻的是，2015 年 5 月初，大片盛开的杜鹃，让密苏里植物园镀上了瑰丽色彩，洋溢着蓬勃生机，极富诗情画意。而杜鹃园中，一大丛艳丽的杜鹃花前方，一尊纪念"9.11 事件"的纪念雕像，表现的是一位母亲拼命护着自己的两个孩子，看后令人动容，发人深省，更激起人们对美好生活与世界和平的向往。

观赏抗污亦堪食

在观赏花木中，杜鹃堪称花、叶俱美，地栽、盆栽皆宜，用途甚广，尤适于布置庭园、专类园、岩石园，或植成绿篱。亦为盆景良材，如经过绑扎整形，配上紫砂盆，极为古雅端丽。清代苏灵就在《盆玩偶录》中将杜鹃列为"十八学士"之第六位。杜鹃花对二氧化硫、臭氧等有抗性，对氨气很敏感，可作为监测氨气的指示植物。

关于杜鹃的食用，《本草纲目》曰："小儿食其花，味酸无毒。"这里说的是映山红。宋代林洪也在《山家清供》中写道："取红杜鹃花朵，去花蕊，留朵杯中之糖斗，直入口食，或捣泥拌蜂蜜作馅。"此外，大白杜鹃、粗柄杜鹃、厚叶杜鹃历来是滇中人民喜爱的蔬菜。

采收可食杜鹃花的花，去蕊，洗净，开水焯，然后以清水浸泡半日后去涩味，沥干后素炒，此为清炒杜鹃，系云南吃法。大白杜鹃煮汤或与蚕豆、咸肉、火腿等煮食或炒食，是白族筵席上的佳肴。

然而，食用杜鹃时须谨记：羊踯躅（又名黄杜鹃）绝不可食用！这是一种著名的有毒植物之一，因羊吃后往往踯躅而死亡，故此得名。《神农本草经》及《植物名实图考》皆将其列入毒草类。民间常称"闹羊花"，误食令人腹泻、呕吐或痉挛，甚至有生命危险。

花香浓郁的烈香杜鹃是很好的蜜源植物，与其他一些带香味的杜鹃如樱草杜鹃、秀雅杜鹃、百里香杜鹃、百合杜鹃、附生杜鹃、白面杜鹃，皆可提取鲜花浸膏或蒸馏提取芳香油，作为高级香料和化工原料。

杜鹃的花、叶均可入药。杜鹃某些种类的树叶含丰富鞣质，可提取栲胶。杜鹃木材质细坚韧，供制日常用品如碗、筷、盆、钵、烟斗及工艺品如根雕等。需要提及的是：中国东北的兴安杜鹃已遭到严重破坏。请切勿滥采乱伐野生杜鹃。

羊踯躅又名黄杜鹃，为著名的有毒植物，绝对不可食用。

石竹

石竹

石竹绣罗衣

须苞石竹
Dianthus barbatus

石竹叶纤而翠，风姿秀逸，
花艳若霞，质如丝绒，缘
有裂齿，状若流苏，花虽
小巧却不失美色风韵，故
自古颇受喜爱。

石竹是我国传统观赏花卉，在唐代就已大量栽培。李白、白居易都有佳句流传。唐代《酉阳杂俎》中甚至提到"蜀中石竹有碧花"，绿色石竹实属罕见。明代高濂《草花谱》载："石竹二种，单瓣者名石竹，千瓣者名洛阳花，二种俱有雅趣。"《广群芳谱》云："石竹草品，纤细而青翠，花有五色、单叶、千叶，又有鹤绒，娇艳夺目，嫋娟动人，一云千瓣者名洛阳花，草花中佳品也。"均肯定了石竹为草花中佳品。

在鲜花盛开的 5 月，有一个源于美国的节日近年来备受国人关注。1914 年，美国国会宣布每年 5 月的第二个星期日为"母亲节"，每到这天，不少人会在胸前佩戴一朵石竹花以示庆祝。1934 年，美国发行了一枚面值为 3 美分的母亲节纪念邮票。画面上一位慈母深情凝视着瓶中一束美丽的康乃馨（香石竹）。随着这枚邮票的广泛传播，石竹象征母爱的花语也日益深入人心。母亲节当天，母亲健在的，佩戴红石竹花或以其花束赠送母亲；已丧母的，则佩戴白石竹花以示哀思。这种做法已为许多国家所效仿。2013 年 5 月 11 日，母亲节前夕，中国邮政发行了第一枚母亲节纪念邮票，以温暖的黄色为基调，画面中央有一束怒放的玫红色康乃馨。轻轻刮开票面上金色丝带下的覆盖层，还会显示出一条温馨的祝福语（共 4 条），比如"妈妈，我爱您"。

家族多佳丽

国人对石竹类的了解与关注，恐怕多源于香石竹。香石竹，又名康乃馨，英文"carnation"的译名。花常单生枝端，有时 2 或 3 朵，粉红、紫红或白色，有香气。其花大色丽、品种繁多，观赏价值极高，且耐瓶插，常用作切花，温

高石竹　　　　高石竹　　　　瞿麦石竹　　　　瞿麦石竹

室培养可四季开花。目前在我国广泛栽培，不过，香石竹在我国很久以来名不见经传，但在欧洲却栽培历史悠久，历来为西方名花，英国17世纪就记载有800多品种。原种只在春季开花，1840年法国人达尔梅将香石竹改良为连续开花类型。尤其是1850年传到美国后培育了百余个品种，并应用于商业生产。1999年6月，美国堪萨斯城"超级花卉展"上，一种名为"月影"的紫罗兰色香石竹，格外引人瞩目。正如她的名字一般浪漫而迷人，柔和悦目的色彩，典雅妩媚的仪态，令人一见倾心。这种由澳大利亚科学家通过将矮牵牛中的蓝色基因转移到香石竹中获得的新品种，结束了香石竹家族没有蓝色花的历史。

石竹，可泛指石竹属的植物，约有600种，俨然是个大家族，广布于北温带，大部分产于欧洲和亚洲，少数产于美洲和非洲。我国有16种，多分布于北方草原和山区草地，有不少栽培种类，为很好的观赏花卉。

石竹，也可专指 *Dianthus chinensis* 这个种，亦为园林中最常见的石竹，又

头石竹　　　　头石竹　　　　西洋石竹　　　　羽瓣石竹

名中国石竹。多年生草本，常作 2 年生栽培。株高 20 ~ 40 厘米。叶对生，线状披针形，基部抱茎。花单生或数朵簇生，花瓣边缘有不规则的浅齿裂，有红、粉红、紫红、白等色，有些瓣面具环纹、斑点、镶边等纹彩，斑斓可爱。有香气。4 月始花，可维持 200 天左右。花后果实陆续成熟。常见的石竹类还有：

须苞石竹，原产欧亚地区，美国栽培广泛，后传入我国，故又名美国石竹。2 年生草本花卉，株高 60 ~ 70 厘米，节间较石竹长且较粗壮。花小而多，有短梗，密集成头状聚伞花序，有白、红、深红、紫等色。

锦团石竹，又名繁花石竹。花大，花色变化多，有重瓣种。

少女石竹，原产英国。茎匍匐状生长。花单生，有粉、白、淡紫等色，适宜作地被或点缀岩石园。

瞿麦，原产欧亚地区。花顶生，疏圆锥状花序，有白、淡粉红色，花瓣顶端深裂成细丝状，有香味。

娟颜绣罗衣

古籍中,《本草纲目》对石竹的描述颇为全面:"石竹,叶似地肤叶而尖小,又似初生小竹叶而细窄,其茎纤细有节,高尺余,梢间开花,田野生者,花大如钱,红紫色,人家栽者,花稍小而妩媚,有细白、粉红、紫赤、斑斓数色,结实如燕麦,内有小黑子,其嫩苗炸熟水淘过,可食。"

娇美的石竹颇受诗人青睐。林逋以"深枝苒苒装溪翠,碎片英英翳海霞"渲染其色丽。"殷疑曙霞染,巧类匣刀裁",独孤及则对其姿与色都颇为嘉许。"真竹乃不花,尔独艳暮春",张耒以半调侃的口吻赞其逞艳于暮春。"春归幽谷始成丛,地面芬敷浅浅红,车马不临谁见赏,可怜亦解度春风",王安石怜惜石竹之美不为人所赏识。司空曙《云阳寺石竹花》中"野蝶难争白,庭榴暗让红,谁怜芳最久,春露到秋风"之句,毫不掩饰对石竹的偏爱。杜甫的"麝香眠石竹",极富诗情画意,但指的应为带明显香味的石竹。

石竹花出五瓣,质如丝绒,古人将其作为一种花式纹样,运用于服饰之中,别致而秀美。李白"山花插宝髻,石竹绣罗衣"的名句,描述的就是丝绸美衣上绣有石竹花纹的情形。后来,陆龟蒙的"曾看南朝画国娃,古萝衣上碎明霞",王安石的"已向美人衣上绣,更留佳客赋婵娟"等,无不将石竹与美人、罗衣联系在一起。宋词人晏殊《采桑子》词曰:"古罗衣上金针样,绣出芳研。玉砌朱阑。紫艳红英照日鲜。佳人画阁新妆了,对立丛边。试摘婵娟。贴向眉心学翠钿。"身着绣了石竹花罗衣的佳人,立于烂漫开放的石竹花畔,以细腻笔触,将动人场景和缱绻情怀渲染得更加淋漓尽致。

佳卉植各地

石竹现广泛种植于各地。明《花史》云:"石竹花,须每年起根分种则茂。"扼要地总结了石竹宜经常分栽的特征。石竹花虽非名贵花卉,但繁艳秀丽,风姿俊逸，性强劲，耐寒。园林中宜用于花坛、花境、花台、岩石园或盆栽。高者宜作切花。插瓶时若与文竹相配，则更相得益彰。石竹还可吸收二氧化硫和氯气，有较强的抗污染能力。

古人常把石竹花和金钱花栽在一起以装点景致。陆龟蒙有"而今莫共金钱斗，买断春风是此花"之句。王象晋的《群芳谱》则提及："石竹虽草花，厚培之，能作重台异态，与夜落、金钱、凤仙花之类俱篱落间物。"关于金钱花，明李时珍《本草纲目·草四·旋覆花》引苏颂曰："六月开花如菊花，小铜钱大，深黄色。上党田野人呼为金钱花，七八月采花。"

香石竹姿容典雅，色泽明丽，为世界四大切花之一。温室可周年栽培，四季产花，为制作花篮、花束、花环之良材。花朵提炼的香精，在法、荷、德、意等国早已应用于调香。

而市面上的石竹茶，文字介绍说原料是石竹科多年生草本植物，又说学名为淡竹叶，药材名为瞿麦。那么，这石竹茶的原料究竟是石竹科植物，还是禾本科的淡竹叶一类植物？与瞿麦和（观赏）石竹究竟有无关联？这样似是而非的描述不免让人迷惑。请教了好几位植物学家，初步结论是：从外形看还是像石竹科植物，只不过，既不是本篇的主角观赏石竹，也不是瞿麦。

萱草

绿叶丹华话萱草

萱草
Hemerocallis fulva

江南的初夏，木本花卉逐渐疏淡，不少草花却趁机逞娇争妍，萱草也不容忽略。其叶碧绿葱茏，其花黄红杂糅，六出而似喇叭，花生于叶丛，未绽时蕾似粗簪，未开者似杯，已放者如盘，飞者如凤舞，倒者如卷锦，百态千姿，耐人玩味

撷芳——植物学家手绘观花笔记

古时称萱草至孝，可奉高堂。南宋王十朋诗云："有客看萱草，终身悔远游。向人空自绿，无复解忘忧。"常年在外的游子，想到自己不能在堂前尽孝，其悲悔之心，纵然萱草有忘忧之效亦不能解除。那位写了"慈母手中线，游子身上衣"名句的孟郊还有一首《游子》诗："萱草生堂阶，游子行天涯；慈母倚堂门，不见萱草花。"可见萱草也是游子和慈母之间心意相通的特别之花。

中华母亲花

如果说五月的母亲节，石竹激起人们对母亲的敬爱之情，萱草就更值得国人爱重与青睐。因她自古即为中国的母亲之花，古人常用"萱庭""萱堂"指母亲居室，故萱草转喻为母亲、母爱。"椿萱并茂"则喻指父母双双健在，由此可知萱草在国人心中的地位自古不凡。

萱草主要生长于我国长江流域，已有 3000 年以上的栽培史，汉代以后已普遍栽培。唐玄宗时，兴庆宫中广植萱草，有人作诗讥讽："清萱到处碧鬖鬖，兴庆宫前色倍含；借问皇家何种此？太平天子要宜男。"宜男为萱草的一个别名，足见当时栽培之盛。

《诗经·伯兮》曰："焉得谖草，言树之背。"朱熹注解曰："谖草，令人忘忧；背，北堂也。"北堂为古代母亲居所。此句意为：我到哪里弄到一株萱草，种在母亲堂前，让母亲乐而忘忧呢？可见，萱草自古即有忘忧之寓意，且一直沿袭至今。晋代嵇康《养生论》云："合欢蠲忿，萱草忘忧，愚智所共知也。"蠲为抛弃之意。李白也说"忘忧当树萱"。白居易更断言："杜康能散闷，萱草解忘忧。"难怪古人亦称萱草为"欢客"。

至于萱草解忧的缘由，亦有多种解释。《本草纲目》云："萱草本作谖。谖，忘也……谓忧思不能自遣，故树此草玩味，以忘忧也。吴人谓之疗愁。"是说有意种萱草玩味，以期忘忧。李九华《延寿考》云："嫩苗为蔬，食之动风，令人昏然而醉，因名忘忧。"还有一说谓食萱草利人心智。几说皆缺乏科学依据，恐怕更多的是一种心理作用。

除了谖草、忘忧草、宜男，萱草还有诸多别名。因花丝细长，状如古时金针，又名金针菜。因其苗食之味似葱，为鹿所食之九种解毒草之一，故名鹿葱（在古代，鹿葱既可能指萱草，也可能指石蒜属的夏水仙，且两者可能混为一谈）。因花期仅为一天，英文名为"一日百合"。另有黄花、黄花菜、丹棘、忘郁等别名。

萱草，虽为一类草花，不择土壤，粗生易长，广为栽植，绝不名贵，但在中国文化中却寓意丰富，不可或缺，令人刮目相看。

孤秀能自拔

萱草 *Hemerocallis fulva* 为百合科萱草属多年生草本植物。叶长条形。花葶自叶丛中抽出。圆锥状花序，着花 10 余朵。花形似漏斗，橘黄至橘红色，芳香。花期 6 ~ 7 月。花早开晚谢。经长期栽培，类型很多，叶的宽窄、质地、花色、花被管长短、花被裂片的宽窄等变异很大。有许多变种、变型和品种。常见的变种有长管萱草：花被管较细长；重瓣萱草：花橘黄色，花被裂片多数，雌雄蕊发育不全。"金娃娃"萱草为萱草的一个园艺品种，尤为常见，花大、色金黄，花期长，适应性强，适宜在城市公园、广场等绿地丛植点缀。

萱草属植物全球约 14 种，我国有 11 种，主要分布于亚洲温带至亚热带。萱草类花卉虽原主产于中国，但长期以来改良不多。19 世纪以来，欧美兴起了培育萱草新品种的活动，至20世纪，已培育了大量优质杂交萱草，但当时的花色还局限在黄、橙、黄褐色范围内。现代培育的萱草品种，其花色几乎囊括了彩虹的所有颜色，不过仍缺少蓝、黑和纯白色。萱草属品种极丰，已逾8万种（经过美国萱草协会登记注册），成为重要的观赏花卉，亦为百合科花卉中品种最多的一类。

萱草绿叶葱碧，花色丰富，婀娜多姿，多群植于台阶旁或坡地、篱边、墙角，或点缀于山石旁，亦宜于花境、林间群植，也可盆栽或插瓶、制作花篮等，皆绰约动人。

有趣的是，当其花未生时，其叶貌似素朴，甚至有些凌乱，少人关注，而一旦花葶抽出，绽蕾吐花，则华丽蜕变，分外惹眼。难怪苏东坡赞曰："萱草虽微花，孤秀能自拔；亭亭乱叶中，一一芳心插。"其实，萱草自古为文人所喜爱。早在三国时曹植即作《宜男花颂》。晋代夏侯湛有《忘忧草赋》赞萱草"体柔性刚，蕙洁兰芳……远而望之，烛若丹霞照青天，近而观之，晔若芙蓉鉴绿泉，姜姜翠叶，灼灼朱华"，不吝溢美之词。唐代宰相李峤夸她"色湛仙人露，香传少女风"。其实，萱草类有香味的不多，黄花菜算一种。《广群芳谱》中也说萱草中"惟黄如蜜色者清香"。当代董必武《忘忧草》诗曰："贻我含笑花，报以忘忧草。莫忧儿女事，带笑偕吾老。"用了萱草忘忧之典。

黄花味道佳

我国民间常说"黄花菜都凉了"这句俗语。字面的意思是说黄花菜宜趁热吃，凉了就不好吃（会有一种酸溜溜的感觉）。言外之意为：时机已迟，无法挽回。黄花菜，主要指是萱草属黄花菜 *H. citrina* 的花，经过蒸、晒加工制成蔬菜，名金针菜，为我国常食用的花卉。另有北黄花菜和小黄花菜可制成金针菜。黄花菜花被淡黄色、柠檬黄色，故又名柠檬萱草，亦清丽可人，但主要功用是作为蔬菜。而古时别名"忘忧草"、主要用于观赏的应为萱草。在古代，人们因分类知识的

"金娃娃"萱草为萱草的一个园艺品种，
花大，色金黄，花期长，
适宜在城市公园、
广场等绿地丛植点缀。

缺乏，对各类萱草可能混为一谈。

《宋氏种植书》载："萱有三种，单瓣者可食，千瓣者食之杀人，惟色如蜜者，香清叶嫩，可充高斋清供，又可作蔬食，不可不多种也。"《花镜》中也指出重瓣萱草有毒，不可食用。关于黄花菜的食用，古籍上多有论述。如，明代王象晋在《群芳谱》中介绍了"萱花馔"的做法："采花入梅酱、砂糖，可作美菜。可和鸡肉，味胜黄花。汤焯拌食味亦佳。"明高濂《遵生八笺》曰："夏时采花洗净，用汤焯，拌料可食，入爁素品如豆腐之类极佳。"可见，黄花菜自古即受到喜爱，且与冬笋、香菇、木耳被并誉为"四大山珍"。

如今，黄花菜已成为重要的经济作物。其花经蒸、晒，加工成干菜，因味道鲜美、富含营养、具良好保健功效而远销国内外，是颇受欢迎的食品。根可酿酒；叶可造纸和编织草垫；花葶干后可做燃料。我国栽培黄花菜历史悠久，主产区有湖南、江苏、陕西、四川、甘肃等省，尤以湖南邵东和祁东最为著名。

但，黄花菜只是萱草属的一种，除黄花菜外的萱草属植物多半不可食用。黄花菜花朵瘦长，花瓣较窄，花色淡黄，因新鲜黄花菜含少量秋水仙碱，不可鲜食，否则可能引起中毒，应先制成干品，经高温烹煮或炒制，方能食用。而日常供观赏的萱草不是黄花菜，因此，切勿把花坛中的萱草当作黄花菜来食用。

茉莉

茉莉清香玉肌凉

茉莉花
Jasminum sambac

初夏的江南，随着梅雨季临近，不但花事疏淡，天渐燠热难当，人亦烦躁不安。好在，有两种洁白素雅的花儿，在此时悄然绽放、暗吐幽香，为人们驱暑除烦，带来一丝清凉与舒畅。这就是茉莉与栀子，堪称夏日双姝、驱暑良伴。

撷芳 — 植物学家手绘观花笔记

茉莉、栀子与白兰,皆为女子钟爱之夏花。2016年夏天在苏州,笔者就买过茉莉和白兰混搭的手串。炎夏之夜, 茉莉花白如雪, 香气清幽, 宛若解暑逐热的一剂良方。所谓"荔枝乡里玲珑雪, 来助长安一夏凉"(许裴),"一卉能熏一室香, 炎天犹觉玉肌凉"(刘克庄)。若将串成的花球置于花囊,挂于帐中, 即可花香为伴梦亦甜了。

远从"佛国"到中华

对茉莉最初的印象已然模糊,但清楚记得20多年前第一次赠送外宾(英国朋友)的礼物就是茉莉花茶。茉莉可能是花香与茶香融合最完美的花。细细地嗅,会感觉花香中蕴含着茶香, 于是两者的香气如此和谐地交融, 难分彼此。茉莉花的洁白幽香, 与茉莉花茶的沁心爽口, 成了初夏抹不去的愉悦记忆。

茉莉为木犀科木犀属常绿小灌木。叶椭圆形, 翠绿有光泽。顶生聚伞花序, 每序3～7朵花, 花白色。香味馥郁。有单瓣、双瓣、重瓣之分。花期6～9月,6～7月开花为盛。

茉莉别名甚多, 有茉莉花、抹丽、末利、抹利、抹厉、莫丽、摩尼等。《群芳谱》云:"抹丽谓能掩众花也。李时珍本草云, 末利本梵语, 无正字, 随人会意而已。佛书名鬘华, 谓堪以饰鬘。"

茉莉如今已是我国普遍栽培、广受喜爱的花卉, 却并非中国原产。关于她的来源, 有几种说法。

晋嵇含《南方草木状》云："耶悉茗花，末利花，皆胡人自西国移植于南海，南人怜其芳香，竞植之。"宋诗人王十朋诗云："茉莉名佳花亦佳，远从佛国到中华。""佛国"指的是印度。李时珍的《本草纲目》则记载："茉莉原出波斯，移植南海，今滇广人栽莳之。"据史料可知，茉莉自汉代以来，由印度、伊朗等地传入我国，宋代开始广植于福建并传入江浙等地。南方的粤、闽、滇一带气候炎热，一直是历史上最主要的茉莉产区。

据汉代陆贾《南越行记》载："南越之境，五谷无味，百花不香，惟茉莉、那悉茗二花特芳香……彼处女子用彩丝穿花心，以为首饰。"那悉茗是指与茉莉同属的素馨。说明那时广东一带的女子已把茉莉、素馨串成首饰。

东晋时茉莉在江南很常见，苏州、杭州、南京是历史上江南栽种茉莉最盛之地。而到了寒冷的北地茉莉即成昂贵之物。明代《五杂组》载："茉莉在三吴一本千钱，入齐辄三倍酬值。"在北宋徽宗的寿山艮岳中，茉莉即被定为八大芳草之一，甚受珍视。

南宋时，"广州城西九里曰花田，尽栽茉莉及素馨"（《郑松窗诗话》），足见当时栽培之盛。明末清初岭南诗人屈大均"茉莉蔷薇夹马樱，携筐唤卖一声声。双飞蝴蝶频追逐，跟筒卖花人入城"的诗句则生动描绘了当时岭南地区卖花的盛况。如今，茉莉已遍植全国，栽培面积占世界栽培总面积的65％，鲜花年产量居世界首位。

玉肌幽香助消夏

茉莉，小花玲珑胜白雪，绿叶光润赛翡翠，不以艳态著称，而以芳香取胜。其香浓而不浊，甜郁幽远，纯正持久，沁人心脾，若论香气之浓、清、久、远，茉莉堪称众芳之冠。茉莉又有"雅友"和"远客"之称，元代诗人江奎更直言："他年我若修花史，列作人间第一香。"

玲珑幽香、别具情致的茉莉花，历来是文人喜爱吟咏的对象。"刻玉雕琼作小葩，清姿原不受铅华。西风偷得余香去，分与秋城无限花。"宋代赵福元对茉莉的姿色香韵均给予高度评价。"新浴最宜纤手摘，半开偏得美人怜。银床梦醒香何处，只在钗横鬓发边。"清代陈学洙则借美人间接点出茉莉的芬芳可爱。婉约派词人柳永的《满庭芳·茉莉花》中"浸沉水，多情化作，杯底暗香流"和"歌声远，余香绕枕，吹梦下扬州"之句，更让人从茉莉香韵中品出了浪漫诗意和缱绻柔情。

关于利用茉莉避暑，宋代周密《乾淳岁时记》有这样的记载："禁中避暑，多御复古、选德等殿及翠寒堂纳凉，置茉莉、素馨等南花数百盆于广庭，鼓以风轮，清芬满殿。"《武林旧事》中也有相似记载，这也就是古代帝王能够享受的奢华吧。

茉莉蕊若圆珠、花白如雪、香浓似麝，是最受女子青睐的饰品和簪戴花卉之一。无怪乎李渔在《闲情偶寄》中感叹："茉莉一花，单为助妆而设，其天生以媚妇人者乎！"用茉莉簪发亦成为沿袭至今的风俗。苏东坡被贬到儋州（今海南省儋州市）时，见到当地黎族姑娘口嚼槟榔，竞簪茉莉，遂赋诗云："暗麝着人簪茉莉，红潮登颊醉槟榔。"其实汉族妇女亦将茉莉花串成花球或花串，佩挂衣襟，或簪于发髻，且蔚然成风。"情味于人最浓处，梦回犹觉鬓边香"（宋代许棐），"一笑相逢双玉树，花香如梦鬓如丝"（宋代范成大），"香从清梦回时觉，花向美人头上开"（清代王士禄），这些诗中，美人簪发、香花、清梦，不知牵动了多少旖旎情思。

入馔美容更宜茶

对于茉莉的形态与功用，李时珍在《本草纲目》中描述得甚为详细："……弱茎繁枝，绿叶团尖，初夏开小白花，重瓣无蕊，秋尽乃止，不结实……其花皆夜开，芬香可爱。女人穿为首饰，或合面脂，亦可熏茶，或蒸取液体以代蔷薇水。"

茉莉的花、根、叶等皆可入药。《本草纲目拾遗》上说她："解胸中一切陈腐之气。"

茉莉自古即已入馔。清代顾仲《养小录》中记载了茉莉汤的做法："厚白蜜涂碗中心，不令旁挂，每早晚摘茉莉置别碗，将蜜碗盖上，午间取碗注汤，香甚。"清代《餐芳谱》中则详述了包括茉莉汤、茉莉鸡脯在内的20多种鲜花食品的制作方法。日常烹饪时，采几朵茉莉花，撒于菜或汤上，不仅增添美色，而且撩人食欲。也曾尝过几道茉莉花馔：茉莉花蕾炒辣椒，红白相映，看相极好。还有在我工作的植物园里野菜展上的油炸茉莉花、凉拌茉莉花，清香爽口，别具风味。

茉莉花的美容功效自古受人青睐。《群芳谱》就说茉莉可"长发、润燥、香肌"。茉莉花蒸熟取液制得的茉莉花露，可代替蔷薇露，可作面脂，可润肤泽发，为上好的天然美容护肤品。从茉莉花中提取的茉莉花浸膏，为制作高级香料和美容化妆品的名贵原料。在国际市场上，茉莉花油的价格几乎等于同重量的黄金。

除观赏外，茉莉最重要的功用莫过于窨茶。明清以来，人们常用茉莉花窨制茶叶，即为著名的茉莉花茶，又称香片，甚受欢迎。据说，乾隆下江南时把茉莉花茶带入北京城。咸丰年间，福州茉莉花茶作为贡品。慈禧太后对茉莉亦有特殊偏好，喜将玫瑰花、茉莉花、野冬花晒干，混在茶叶内一起饮用。茉莉花熏制的花茶，入口香透肺腑，饮后余味无穷，素有"在中国的花茶界里，可闻春天的气味"之美誉，为驰誉中外的茶中珍品，被誉为"花茶之冠"和我国十大名茶之一。

茉莉不但功用丰富、经济价值极高，还深具文化内涵。2007年，茉莉被确定为江苏的省花。而起源于南京六合民间传唱的《鲜花调》、由作曲家何仿改编创作的江苏民歌《茉莉花》，旋律优美，妇孺皆知，在国内外广为传颂、芳名远播，是中国文化的代表元素之一。

茉莉在国外也颇受青睐。希腊首都雅典被称为茉莉花城。菲律宾、印度尼西亚、巴基斯坦、巴拉圭、突尼斯和泰国等把茉莉和同宗姐妹毛茉莉、大花茉莉等列为国花。在菲律宾，茉莉花作为纯洁友谊和坚贞爱情的象征，为馈赠情侣或贵宾的绝佳礼物。人们常把茉莉花编成花环挂在客人脖子上以示欢迎和尊敬。

但在茉莉应用中需特别注意一点：茉莉花不宜送商人，因为她的谐音是"没利"。

栀子

雪魄冰肌栀子香

栀子
Gardenia jasminoides

「雪魄冰花凉气清，曲栏深处艳精神。一钩新月风牵影，暗送娇香入画庭。」明代沈周这首诗，将夏夜庭院中栀子玉洁冰清、绽蕊吐香的情景描绘得极富诗情画意，令人神往。

撷芳——植物学家手绘观花笔记

大约是因为自己大学毕业前夕,在彼时草木葱茏、绿肥红瘦的校园里,特别留意到盛开的栀子,润白丰腴的花朵,在初夏的风中散着浓郁的香,直渗进肺腑胸膛,让人嗅之难忘。于是,此后,每当栀子花开,就想到又该有一拨拨莘莘学子,离开校园,奔向各自有无限可能的未来。

在我的记忆中,栀子花就这样跟毕业、青春和初夏紧密关联在一起。而对于江南女子,栀子花又与白兰花、茉莉花一样,可簪可佩可装饰,清香幽馥,沁人心脾,承载了她们对初夏几多甜美愉悦的记忆。

栀果自古为染料

栀子为茜草科栀子属常绿灌木。叶翠绿光亮。花苞旋卷扭合,呈高脚杯状。花白色,芳香。有单瓣和复瓣,重瓣者又名白蟾。自6月至8月连续开花。果实卵形,成熟时橙黄色,形似小金鱼,别致可爱。常见的栽培变种有大花栀子、卵形栀子、狭叶栀子、斑叶栀子。

相传古时蜀地栀子曾出现过异种,花为红色,开于深秋。据《广群芳谱》引《万花谷》载:"蜀孟昶十月宴芳林园,赏红栀子花,其花六出而红,清香如梅。"堪称异种珍品,惜早已失传。

栀子原产我国长江以南各地，已有 2000 余年栽培历史。《汉书》中有"汉有栀茜园"的记载。《史记·货殖列传》亦有"千亩卮、茜，千畦姜韭；此其人皆与千户侯等"的记载。卮即栀子，果实经压榨可获取黄色汁液，在古代一直被视为最好的染色剂之一；茜为茜草，根部含有茜素，用于制作红色染料，故古代女子的红裙常被称作茜裙。两种植物在当时皆为重要的染料作物，足见其在当时经济价值可观，且颇受重视。

古人甚至以为"染"这个字的起源，与栀子有关。宋代罗愿《尔雅翼》有："卮，可染黄……经霜取之以染，故染字从'木'，字学家以为木者，卮茜之流也。"此说虽可商榷，但可见栀子在传统染料中的特殊地位。

据《晋令》载："诸官有秩栀子守护者，置吏一人。"为守护栀子花需专门设置看守一名，体现了当时对栀子花的重视。

南朝梁简文帝《咏栀子花》诗云："素花偏可喜，的的半临池……"可见栀子那时已作为观赏花卉。

唐朝时，栀子栽培以长江流域为最盛，刘禹锡诗云："蜀国花已尽，越桃今又开。色疑琼树倚，香似玉京来。"越桃即栀子。栀子在唐代由我国传入日本，17 世纪又传入欧洲。

元朝官修地理总志《大元一统志》记载："在铜梁县东北六十里，地宜栀子，一家至万株，夏弥望如积雪，香闻十余里。"说的是四川铜梁，此地现仍为药栀子产地。

栀子的名称和别名颇有些来历。"栀"原写作"卮"（或巵）。李时珍《本草纲目》云："卮，酒器也。卮子象之，故名。今俗加木作栀。"

栀子别名则有木丹、越桃、鲜支、林兰等。因其果深红而得名"木丹"。谢灵运《山居赋》中，曾有"林兰近雪而扬猗"之句，据说是一种花叶较大的栀子。

隋唐时期，中外交流频繁，栀子一度被当作从西域传来的薝蔔花。如唐段成式《酉阳杂俎》云："诸花少六出者，唯栀子花六出。陶真白言：栀子剪花六

栀子果实经压榨可获取黄色汁液，在古代一直被视为最好的染料剂之一。

出，刻房七道，其花香甚，相传即西域薝葡花也。"许多人把芳香的栀子与来自西域、佛书上提到的薝葡花混为一谈，故称栀子花为"禅友""禅客"。宋代赵汝适《诸蕃志》和周去非的《岭外代答》皆指出薝葡出自大食国（今阿拉伯半岛、伊朗及伊拉克地区），花色为浅紫。明朝周晖在《金陵琐事》中则提到凤台门外白云寺曾有一丛薝葡，为三宝太监自西洋取来，花瓣似莲而稍瘦，外紫内淡黄色，嗅之辛辣触鼻，微有清香，明确指出蓍荀非栀子。可惜，那丛蓍荀，到了清初已不复存在。栀子原产中国并非外来种毋庸置疑,而真正的蓍荀究竟为何种，还有待进一步考证。

冰花清芬暑意消

自古，栀子以其香幽韵雅而备受青睐。杨万里"孤姿妍外净，幽馥暑中寒"，朱淑真"一根曾寄小峰峦，蓍荀香清水影寒。玉质自然无暑意，更宜移就月中看"，那缕缕清香和丝丝凉意，仿佛都通过灵动的文字渗透了出来。宋代蒋梅边也作诗赞栀子："清净法身如雪莹，肯来林下现孤芳。对花六月无炎暑，省爇铜匜几株香。"栀子清芬，可代替焚香。宋人王义山则视栀香胜似沉水、龙涎，压倒群花，所谓"青萼玉苞全未拆，薰风微处留香雪"。而且，即使栀子花瓣萎蔫，花色转黄，花香犹存，殊为难得。

栀子花不像富丽的牡丹那样多贵族气息,开于乡野的栀子颇有"平民"色彩。唐代王建《雨过山村》云："雨里鸡鸣一两家，竹溪村路板桥斜。妇姑相唤浴蚕去，闲看中庭栀子花。"描绘的就是一幅鲜活的乡村图景。而且，早在唐宋时期，簪戴栀子即为妇女的雅好。李商隐有"结带悬栀子，绣领刺鸳鸯"的诗句。宋代李石《捣练子》云："腰束素，鬓垂鸦……芙蓉衫子藕花纱。戴一枝，蓍卜花。"这蓍卜就是栀子花。

南宋时，栀子还成为文人雅士钟爱的"清玩"，尤其是庭院中矮小、雅致的水栀子十分流行，范成大有"水盆栀子幽芳"之句。

入馔美颜多功效

栀子功用多样，杜甫对此颇为赞赏："栀子比众木，人间诚未多。于身色有用，与道气相和。红取风霜实，青看雨露柯。无情移得汝，贵在映江波。"

栀子春芽清秀葱翠，夏花皎洁芳菲，秋实玲珑可玩，冬叶碧绿傲霜，为优良的园林花木，适于路旁、阶前、池畔、林缘等处栽植，亦可散植于庭院。矮型者宜作盆栽、盆景。栀子还有抗有害气体和吸滞粉尘的能力。

栀子自古为插花良材，宋代便成为"瓶供"。杨万里诗曰"有朵篸瓶子，无风忽鼻端"，陆游诗曰"清芬六出水栀子"，皆指插于水中的瓶供。瓶插栀子在岭南称作"水横枝"，枝条可在水中生根，观花期可维持1个月之久。

至于以花簪发，或佩于襟前，或挂于帐中，亦芬芳袭人、雅趣横生。花时可令满室盈香，暑意顿消，栀子，遂与茉莉花、白兰花一道，成为江南女子最钟爱的初夏花卉，合称"夏日三白"。

栀子的果、叶、花、根均可入药。李时珍曾用栀子、面粉捣成糊状，外敷治疗外伤肿痛。端午节时，汉中有些地区的妇女则用丝线结香袋，内置栀子、生大黄等，佩挂于小孩衣襟上，谓能解毒避瘟。

栀子食用也别有风味，古籍中多有记载。宋代林洪在《山家清供》中提到在友人家品尝"薝蔔煎"的趣事并记述了做法：栀子花，采大者，以汤焯过，少干，用甘草水和稀，拖油煎之，并评价说清芬极可爱。清代《广群芳谱》曰："大朵重台者，梅酱糖蜜制之，可作羹果。"油炸栀子花和栀子花粥，为风味鲜爽的美食佳点。花还可熏茶，果酿的酒为上等饮品。

栀子果实可提取天然黄色素，用栀子来染色早在秦汉时期就很盛行。现代栀子黄色素已广泛用于如糖果、果冻、饼干、冰淇淋、果汁型饮料等多种食品中。

凌霄

凌霄百尺英

凌霄
Campsis grandiflora

作为攀援植物，凌霄，包括美国凌霄，在园林中确有许多妙用，可攀大树，傍墙垣，依棚架，附山石，且碧叶葱茏，红英灼灼，柔枝纷披，婀娜秀逸，极富诗情画意。

撷芳 —— 植物学家手绘观花笔记

| 引子 | 年少时读舒婷的《致橡树》,对开头那句"我如果爱你,绝不像攀援的凌霄花,借你的高枝炫耀自己"印象尤其深刻。可惜,那时尚未接触花卉专业,对于诗中提及的凌霄花、木棉和橡树竟无一认识,但对凌霄花攀援的属性却有了记忆。在夏季的满目苍翠中,藤架上盛开的凌霄花枝叶蓁蓁,如火如荼,耀眼夺目,仿佛格外彰显出夏日的蓬勃与热情,是一道不容忽略的风景。后来在韩国的汉江边、苏州的拙政园、南京中山植物园等地,都仰望过她的蓊郁枝叶和灼灼红英。 |

古来多争议

凌霄为著名庭园花卉,在我国已有 2000 多年的栽培历史。《诗经·小雅》中即有"苕之华,芸其黄矣""苕之华,其叶青青"的诗句。《尔雅》中则有"苕,陵苕,黄花蔈,白花茇"的记述。苕、陵苕、蔈(黄花凌霄)、茇(白花凌霄),皆指凌霄。李时珍在《本草纲目》中解释了其名称的由来:"附木而上,高数丈,故曰凌霄。"又因"此花赤艳,故名紫葳"。另外她还有女葳、陵华、鬼目、傍墙花、堕胎花等诸多别名。

凌霄为紫葳科的攀援藤本。奇数羽状复叶,小叶 7 ~ 9 枚,卵形至卵状披针形。圆锥状花序生于枝顶,花大,花冠内面鲜红色,外面橙黄色,漏斗状钟形。花萼钟状,分裂至中部。花期 5 ~ 8 月。

另有一种美国凌霄,原产美洲,现正名为厚萼凌霄(《中国植物志》)。小叶 9 ~ 11 枚,叶片背面有毛。花冠筒细长,筒部为花萼长的 3 倍。花较凌霄小,橙红至鲜红色。花萼较厚实,5 浅裂至萼筒的1/3处。现公园绿地中,多为凌霄与美国凌霄杂交后形成的杂交凌霄。

还有一种硬骨凌霄,虽名为凌霄,花的姿韵均与凌霄有些相似,却为紫葳科硬骨凌霄属植物。

炎夏花事寂寥时,凌霄繁花满枝、娇艳烂漫,格外引人注目。更可贵的是,

硬骨凌霄花的姿韵与凌霄有些相似，
归于硬骨凌霄属，
而凌霄为凌霄属植物

她能够攀援直上，高可百尺以上，其蔓生细须，牢牢附着于树身，即使大风暴雨也不会剥落，在藤本花卉中可谓独一无二。当代园艺学家周瘦鹃先生也说，凌霄花攀援的高度在蔓性植物中占第一位。宋人贾昌朝以"披云似有凌云志，向日宁无捧日心"的诗句赞美凌霄这种不断上进、壮志凌云的精神。清代著名文人李渔对凌霄亦格外推崇，甚至断言"藤花之可敬者，莫若凌霄"。

凌霄亦以其秀色风姿与攀高特性，自古深受画家、诗人喜爱。宋代陆游诗云："高花风堕赤玉盏，老蔓烟湿苍龙鳞。"苏轼《减字木兰花·凌霄》曰："双龙对起，白甲苍髯烟雨里，疏影微香，下有幽人昼梦长。湖风清软，双鹊飞来争噪晚，翠飐红轻，时堕凌霄百尺英。"皆极富浪漫诗情。

然而，凌霄附物攀高的特点，也导致人们对她褒贬不一，使其成为最富争议的花卉之一。褒者称其不屈不挠，志向高远；贬者则鄙夷她不能自立、仗势向上。《三柳轩杂识》干脆称凌霄花为势客。白居易亦贬抑她"……偶依一株树，遂抽百尺条。托根附树身，开花寄树梢。自谓得其势，无因有动摇。一旦树摧倒，独立暂飘摇……"借以讽喻那些攀附权贵、仗势向上的小人。宋代杨绘《凌霄花》诗云："直饶枝干凌霄去，犹有根原与地平，不道花依他树发，强攀红日斗妍明。"对凌霄的鄙夷与厌恶之情溢于言表。

不过，相传凌霄亦有可卓然挺立者。据《老学庵笔记》载："凌霄花未有不依木而能生者，惟西京富郑公园中一株，挺然独立，高四丈，围三尺余，花大如杯，旁无所附，宣和初，景华苑成，移植于芳林殿前，画图进御。"明代高启曾作《瞻木轩并序》，提到道士李玄修所居庭，有凌霄花依树而生，近树伐而凌霄花独存……遂赋诗曰："凌霄托高树，引蔓日已长，缠绵共春荣，幽花蔼敷芳，高树忽见伐，无依向风霜，亭亭还自持，柔姿喜能强，君子贵独立，倚附非端良，览物成感叹，为君赋新章。"

其实，不论褒贬，花儿不过是诗人托物言志的工具。凌霄在夏日叶茂花繁、簇锦凝霞，不失为一道靓丽风景。

攀援最相宜

凌霄历为理想的垂直绿化植物。《学圃余疏》曰："凌霄花缠奇石老树，作花可观，大都与春时紫藤皆园林中不可少者。"肯定了凌霄与紫藤同为庭园中不可或缺的攀援花卉。

在青岛崂山太清宫有一株树名为"汉柏凌霄"，系西汉时张廉夫（崂山道教的开山始祖）在崂山初创太清宫三官庵时手植的圆柏，现高逾 20 米，胸径 5 米余，需 3 ~ 5 人方可环抱，枝干遒劲，干纹纵横，宛如刀刻，集古、奇、幽于一体，蔚为可观。然不知何时，在这棵圆柏树干离地 3 米高的缝隙处，一株凌霄悄然而生，如蛟龙盘旋，攀附柏树生长而又凌驾于其上，"汉柏凌霄"由此得名。直插云霄、年逾 2100 岁的古柏，攀附交缠的凌霄，在树顶苍翠柏叶映衬下，花朵灼灼，分外妖娆，为太清宫"镇宫之宝"，亦为古树中的佼佼者。

2018 年的 5 月初，笔者探访了蒋介石和宋美龄在庐山的旧居——美庐，在布局精巧、花草繁盛的庭院中，自然也留意到副楼墙面上攀援至屋檐的数株美国凌霄，彼时已绿叶葱茏。据悉为半个多世纪前宋美龄女士亲手所种。可惜因为时尚早，未见花开，但不难想象盛花时，那红英灼灼、凌空抖擞的美景，会为这幢小楼乃至整个庭院平添几多风光。

不论何种墙体，种植一些凌霄，使其缠绕或攀援其上，可有效柔化墙体，使得篱垣生机蓬勃，美不胜收。尤其美国凌霄具有较强的攀援能力，将其栽植于建筑物的西山墙，数年时间，即可爬满墙体，如帘似幕，红花如瀑，既能美化绿化，夏季还可有效降低室温。

若园林中有枯死之树木，可不必急于伐除，在其周边种上几株美国凌霄，三两年后，即可爬满树体，让枯树"起死回生"，重现生机。将凌霄种植于假山缝隙处，并适当控制株形，则干如虬龙，繁英吐艳，苍古可喜。

凌霄若与紫藤、木香、藤本月季、金银花等藤本花卉分区栽植于长廊或花架上，则从春至夏，诸花次第开放，悦人眼目。

凌霄在斯里兰卡倍受珍爱，被视为和平与友谊的象征。1957 年初周恩来总理访问斯里兰卡时，曾亲手栽种一株凌霄，架起了中斯两国人民友谊的金桥。20 年后，邓颖超为总理手植的凌霄浇水培土，又在附近栽种一棵"花后树"，续写了一曲友谊赞歌。

　　除供观赏外，凌霄还是一味常用中药，以花、根、茎、叶入药。

　　凌霄，亦为连云港的名花之一，连云港南城镇被称为"海上蓬莱"，又素有"凌霄之乡"的美誉。栽培凌霄历史悠久，现为中药材美国凌霄的主要产地，于 2000 年被地方政府列为"国家中药保护品种江苏连云港凌霄花发展基地"，可谓一枝独秀。

荷花

轻灵雅洁话荷花

莲
Nelumbo nucifera

荷花，可供于圣殿，亦可生于池塘。是高雅君子，亦为寻常蔬食。是佛国清净无暇、出尘离染的圣花，亦为俗世含情解媚、悦目赏心的吉物。百花园里，实难寻到另一种花草，似荷这般形象多变又广受青睐。诚如曹植所赞『览百卉之英茂，无斯华之独灵』。

撷芳 —— 植物学家手绘观花笔记

荷花的寓意为纯洁、无邪、清白、正直。周敦颐在《爱莲说》中赞美荷花云："出淤泥而不染，濯清涟而不妖。中通外直，不蔓不枝，香远益清，亭亭净植。"故荷花有"君子之花"或"花中君子"的美誉。莲花还象征纯洁爱情，莲谐音"恋"或"怜"，藕则谐音"偶"，尤其是并蒂莲，并生于同一藕节，莲花并蒂，莲子同房，比喻夫妻恩爱，忠贞不渝。诗云："牵花怜并蒂，折藕爱连丝。"千瓣莲为人寿年丰的佳兆。一枝莲花，"青莲"与"清廉"谐音，寓意一品清廉。

历史悠久底蕴深

从年少时起，每到夏季，总要去湖畔水滨，来一次赏荷之旅，否则，总觉得这个夏天缺了点什么，不甚完满。于是，在南京的玄武湖、莫愁湖，江宁的艺莲苑，甚至苏州拙政园、西湖曲院风荷，那莲叶田田、荷花灼灼、清芬四溢（"青荷盖绿水，芙蓉披红鲜"）的情景，总让我感受到炎夏中的几缕清凉、一丝惬意。

莲，通称荷花，为睡莲科莲属多年生宿根水生花卉。叶大，叶面深绿色，盾状圆形。叶按照生长先后和形态，可分为"钱叶""浮叶"以及"立叶"。花单生，有单瓣、半重瓣、重台、千瓣之分，花色有深红、粉红、白、淡绿以及间色等变化。花径大者可达 30 厘米，小的不足 10 厘米。花期 6 ~ 8 月。单朵花期仅 3 ~ 4 天，多清晨开放、中午闭合。

荷花原产亚洲热带地区和大洋洲。作为中国传统名花,十大名花之一,荷花已有极为悠久的栽培历史。早在距今1亿多年前的地层里,就有她的花粉存在。荷花在我国的栽培历史已逾2500年。吴王夫差就曾在太湖之滨的离宫,为西施筑玩花池,供美人赏荷。公元前11世纪,藕已是古人食用的蔬菜之一。民间还将农历六月二十四日定为荷花生日,这一天人们赏荷灯、跳荷花舞、唱荷歌,尽情欢乐。

荷花别名甚多,《尔雅》:"荷,芙蕖,别名芙蓉,亦作夫容。"《说文》:"芙蓉花未发为菡萏,已发为夫容。"李时珍解释说:"芙蓉,敷布容艳之意。"《广群芳谱》:"荷花,芙蕖花,一名水芙蓉。"

因荷花生于水中,其花亭亭玉立于水面,好似仙女飘然而行,故又名"水宫仙子"或"碧波仙子"。于石《西湖荷花》诗曰"亭亭翠盖拥群仙,轻风微颤凌波步",把荷花比作风姿绝世的洛水女神。曹植《洛神赋》曰:"迫而察之,灼灼芙蕖出绿波。"此处洛神与芙蕖更是互为映衬、难分彼此。

自古文人雅士对荷花亦推崇备至,吟咏不绝。"毕竟西湖六月中,风光不与四时同。接天莲叶无穷碧,映日荷花别样红。"杨万里的咏荷诗可谓脍炙人口,而荷花生长的湖泊池塘在花盛时节宛然一片馨香清爽的迷人世界。

当代著名作家周瘦鹃先生,在其故居"紫兰小筑"院中种植了许多花草,并把院中老式楼房的中间两间称为"爱莲堂",作为接待宾客之所,足见他对荷花的偏爱。

荷花顽强的生命力也给人们许多启示。1953年,北京植物园的科技人员参考北魏农学家贾思勰《齐民要术》中有关莲子栽培的记载,经仔细处理、悉心照料,使千年古莲于1955年在园中首次绽花结实,传为佳话。

自从北宋周敦颐将它比作花中君子后,荷花已成为一种崇高纯洁的象征和真、善、美的化身。其高洁品性、美好情操和风范,亦已升华为一种催人奋进的民族精神。当年孙中山先生眼望荷花盛开的西湖,有感于欣欣向荣的景象和荷花清正廉洁的品格,曾发出"中国当如此花"的感喟。

并蒂莲
一茎双花,花各有蒂,
荷中珍品。

清芬远溢姿容娇

荷花按用途可分为藕莲、子莲和花莲三类。花莲中，千瓣莲为荷中珍品。其他如并蒂莲、品字莲、四面莲、五子莲、绣球莲等亦各具魅力。荷花中的袖珍品种——碗莲，平均花径不过 12 厘米，小巧玲珑，特别逗人喜爱。碗莲绽花时，亭亭玉立，风姿绰约，在炎夏为居室和庭院增添了别样风光和情趣，置于案头几架的碗莲则分外玲珑可人。

明代申时行《晨起观荷花》云："宛彼芙蕖花，嫣然媚初旭，焕若丹霞敷，晔如锦云簇，秾艳复芬菲，可以娱心目。"荷花的赏心悦目跃然眼前，荷花的确属于花卉中少有的姿色香韵俱佳者。

荷花，花色美观。红花者"红衣迷日色，翠盖泻波光"，为"翠盖佳人"。红白兼具的是洛神挺凝素，文君拂艳红。白莲"翠盖临风迥，冰花浥露鲜"。千瓣白莲更是"净色比天女"。白居易似乎对白莲特别赏识，作《东林寺白莲》感喟："……我惭尘垢眼，见此琼瑶英，乃知红莲花，虚得清净名……"

荷花，清香宜人。唐代严维诗曰"蕙风清水殿，荷气杂天香"。明代吴宽《夏日》中有"绿荫松萝暑气凉，清泉泻入小池塘，人间昼永无聊赖，一朵荷花满院香"的诗句。"十分芳气袭人清，未羡兰蒸更菊英"，明朝政治家和文学家李东阳则认为荷香丝毫不逊于兰与菊。

荷花，姿娇韵雅。诗人以"芙蕖净娟娟""不许纤尘污秀质，政须清吹发幽香"，烘托其雅洁风韵，以"灼灼荷花瑞，亭亭出水中"描述其秀逸风姿。而"未及清池上，红蕖并出房，日分双蒂影，风合两花香"（南朝朱超），"一茎孤引绿，双影共分红"，皆描画了同心芙蓉的娇美姿容。

荷花，不但花开妩媚，连荷叶都值得赏玩。荷叶田田，如"密排碧罗盖，低护红玉颊"（杨万里），"一阵风来碧浪翻，珍珠零落难收拾"（任思庵），都表现了水滴自荷叶上滚落的生动场景。

现代著名散文作家朱自清先生在名篇《荷塘月色》里，把出水很高的叶子，比作亭亭的舞女的裙。又说："白色的荷花，有袅娜地开着的，有羞涩地打着朵儿的；正如一粒粒的明珠，又如碧天里的星星，又如刚出浴的美人……薄薄的青雾浮起在荷塘里。叶子和花仿佛在牛乳中洗过一样；又像笼着轻纱的梦。"用细腻的笔触和情感营造出一派如梦似幻的美妙情境。

自古入馔为佳肴

除供观赏外，荷花尚有广泛用途，尤其是极好的美食原料。

荷花、荷叶、莲子、莲藕（根状茎）入馔皆宜，为中餐妙品，在古代即已烹制成多种肴食。如宋代的"玉井饭"、元代的"莲子粥"、清代的"桂花藕粉""拔丝莲子"等。元代的"莲子粥"到明清时期又发展为"八宝莲子粥"，极为可口，现又成为夏令著名的传统小吃。

以嫩荷花和肉丝爆炒，叫"莲花肉"，为很好的时令菜。莲还可制作莲花糕、荷花粥。明清时即有佳酿"莲花白酒"。

莲子为荷花的干燥成熟种子，
含有丰富营养，
可制成多种美食。

莲藕为荷花的根状茎，
适合入馔，
可烹、制成多种肴食，
且为中餐妙品。

荷叶亦可入馔。唐代就有的"绿荷包饭"，今日仍是广州和福州茶楼酒家之名食。荷叶还可煮粥，泡水煎汤作消暑饮料。

莲房也能入馔。宋代有道名菜叫"莲房包鱼"，其制法是将嫩莲房剜去内瓤，截底，然后将料酒、酱油、香料及鳜鱼块填入莲房中，入甑蒸熟，味美无穷。

以莲藕为主料的美食，更是不胜枚举。藕生食脆嫩甘甜清香。糯米藕香糯可口。南宋时期有道妙馔叫"石榴粉"，系将鲜藕切成丁，在砂器内擦圆棱角，再用梅花浸过的水滴在胭脂上，将藕丁染为红色，拌入绿豆淀粉，投入鸡汤中蒸煮，其菜"宛如石榴子状"，鲜美夺目。藕粉，较其他淀粉质地细腻、营养丰富、色泽美观、食用方便，尤适于老幼、弱病者食用，为一种清血安神的滋补佳品。

小妙方

软炸荷花

将荷花洗净，蘸上干淀粉，另用鸡蛋清打成发蛋，加上淀粉拌和，将荷花瓣逐张挂糊入锅油炸，至表壳略硬，取出，撒上绵白糖即可。本品松软芳香。

紫薇

烂漫紫薇百日红

炎夏时节，草木葳蕤，绿稠红稀，抬眼看到开花的树木已属不易。于是，柔艳丰茂的紫薇花便显得格外惹眼。她「花攒枝杪，若蕊轻縠，盛开时烂漫如火，干无皮，愈大愈光莹，枝叶亦柔媚可爱」。难怪被古人立为农历七月的花盟主。更何况，从夏至秋，紫薇花期可长达百日、「十旬」甚至「半年」，前与夏荷相伴，后与秋菊为邻，着实不容小觑。

紫薇

Lagerstroemia indica

曾伴紫薇郎

　　紫薇为千屈菜科紫薇属落叶灌木或小乔木。高可达7米。树皮平滑，枝干
多扭曲。叶互生或有时对生，椭圆形或倒卵形。花淡红色或紫色、白色，常组
成7～20厘米的顶生圆锥花序。小花花瓣6枚，皱缩，具长爪。花期6～9月。
花白色的称银薇。

　　关于紫薇花色，《学圃余疏》曰："紫薇有四种，红、紫、淡红、白，紫却
是正色……"《广群芳谱》也说："紫色之外，又有红、白二色，其紫带蓝焰者，
名翠薇。"

　　原产我国的紫薇，自古即为名花佳卉，栽培历史据考证已达1500年。紫薇
的名称始见于东晋王嘉的《拾遗记》："及诏内外四方及京邑诸宫观林卫之内，
及民间园囿，皆植紫薇，以为厌胜。"厌胜为古时民间一种避邪祈吉习俗。可见，

紫薇在东晋已广为栽培。至唐代，紫薇在统治阶层那里获得了前所未有的至高地位。

古代天文学中有紫微垣之说，为星空的三垣（紫微垣、太微垣、天市垣）之一。紫微垣之内是天帝居住的地方，自汉代起就用来比喻人间的帝王居处，专指皇宫。"紫薇"为"紫微"的谐音，"薇"与"微"字形相近。《唐书·百官志》载："开元元年（公元713年），改中书省曰紫微省，中书令曰紫微令"。中书省庭院中多植紫薇树。当时，紫薇在皇宫内苑、官邸及寺院中广泛栽培，盛极一时。北宋定都开封后，宫廷中亦广种紫薇。北宋梅尧臣"禁中五月紫薇树，阁后近闻都著花；薄薄嫩肤搔鸟爪，离离碎叶剪晨霞"的诗句可以为证。

后来官场中凡任职于中书省的，皆喜冠以"紫薇"之名。唐诗人杜牧做过中书舍人，又作过一首《紫薇花》，云："晓迎秋露一枝新，不占园中最上春。桃李无言又何在，向风偏笑艳阳人。"诗中并未出现紫薇名称，却赞美了她不与百花争春、秋日一枝独秀之品，杜牧遂得"杜紫薇"之名。

紫薇，因其常与官家联系在一起，甚至被称为"官样花"，被当作文曲星一般来赞美。唐宋诗歌中多有体现。白居易《紫薇花》诗曰："丝纶阁下文章静，钟鼓楼中刻漏长。独坐黄昏谁是伴，紫薇花对紫微郎。"白居易曾任中书舍人，诗中他以紫薇郎自居，不乏妙趣。

紫薇虽在古代多作为"官样花"，带了"官衔"，沾了俗气，而今却成为一种广泛栽培、深受各界人士喜爱的花木。目前，我国的海宁、信阳、安阳、襄樊、晋城及台湾省基隆市皆以紫薇作为市花。

长放半年花

紫薇有若干别名，且颇多妙趣。据《广群芳谱》载："紫薇，一名百日红，四五月始花，开谢接续可至八九月，故名。一名怕痒花，人以手爪其肤，彻顶动摇，故名。一名猴刺脱，树身光滑。"类似的，《酉阳杂俎》云："紫薇，北人呼为猴郎达树,谓其无皮,猿不能捷也……"两个带猴字的名称,皆有因紫薇树干太光滑,以至于猿猴都攀援不上的夸张意味。

紫薇在宋代又得了一个美名叫"满堂红"。其树高六七米,花时"一枝数颖,一颖数花",无数细碎小花,聚成圆锥形花序,开于丛丛枝梢之上,璨然一树,铺锦簇霞,映照满堂。宋代王十朋作《紫薇》诗赞曰:"盛夏绿遮眼,此花红满堂。"

至于怕痒树、痒痒花这两个别名,则最为人熟悉,也最有趣。相传人若用指甲轻挠紫薇树身,会看到树顶的枝叶轻微颤动,似乎像动物一般有怕痒的感觉,所谓"薄肤痒不胜轻爪"(宋代梅尧臣)。

紫薇的老树表皮脱落后不复生,树干光溜可爱,这是俗名"无皮树"的由来。《老学庵笔记》中曾记载了一则相关趣事,说余姚一个穷和尚,春节将近时发现自己身无分文,于是自我解嘲道:"大树大皮缠,小树小皮裹,庭前紫薇树,无皮也过年。"读后令人莞尔。

脱皮后的紫薇树干莹滑光洁,衬以洒脱秀逸的树姿,可谓雅趣横生。其花朵多皱褶,每花六瓣,形如轮盘,别致清秀,而整个花序又繁盛丰艳,当其盛花时,繁葩密缀,远望,似晴霞艳艳,若绛雪霏霏,缤纷绚烂,极具浪漫诗情;近观,纤秀的花朵轻盈柔婉,微风掠过,妖娇颤动,舞燕惊鸿,未足为喻。

"明丽碧天霞,丰茸紫绶花"(唐代刘禹锡)和"庭前紫薇初作花,容华婉婉明朝霞"(宋代李流谦)的诗句,烘托了紫薇花的娇艳明媚、灿若云霞。明代薛蕙则感喟:"紫薇开最久,烂漫十旬期。夏日逾秋序,新花续故枝。楚云轻掩冉,蜀锦碎参差。卧对山窗下,犹堪比凤池。"

当然,对紫薇的姿色也存在异议。清代张潮在《幽梦影》中说:"花与叶俱不足观者紫薇也、辛夷也。"认为紫薇和辛夷(紫玉兰)根本不美。这当然纯属一家之言。

园林用途广

紫薇在我国有多重寓意。在古时，紫薇与主官禄的紫微星谐音，又多种于中书省等官衙，遂常被人与官运联系在一起。中书省甚至有谚语云："门前种株紫薇花，家中富贵又荣华。"人们还认为紫薇大树是"风水树""吉祥树"，喜植于房前屋后。

紫薇树龄很长，栽种于明清而存活至今的植株在全国各地多有发现。如苏州怡园的一棵紫薇为明初所植，已有 600 年历史。云南昆明金殿风景名胜区亦有两株明代紫薇，其中一株植于明万历二十年（公元 1602 年），如今"古树岁老，花枝尤俏"。在贵州距离梵净山自然保护区西线山门 5 千米处，坐落着一个紫薇王保护园，园内有一株国家一级保护植物"川黔紫薇"，高 20 ~ 30 米，花为黄白色，树龄 1380 多年，树高 34 米，胸径 1.9 米，冠径 15 米，1998 年入选贵州省古、大、珍、稀树名录，人称"紫薇王"，被当地人尊为"神树"，为世间罕有。

紫薇自 18 世纪初相继引种到日本、朝鲜和东南亚，后又传到欧美及澳大利亚等很多国家和地区。

紫薇同属的植物约 55 种，我国占 16 种，其中大花紫薇、浙江紫薇、南紫薇、毛萼紫薇等均有观赏价值，适于园林中培植，且受人喜爱。

紫薇是广泛栽植的庭园观赏树，于夏、秋少花时节，花开烂漫，殊为可贵。在南京中山植物园的蔷薇园西侧，夹道种植紫薇近百株，均有数十年的树龄。树姿洒脱，上部枝叶交接，形成了一道拱形绿色长廊，人称"紫薇路"，盛花时凝云簇霞，景致绝佳。紫薇还可栽植于建筑物前、庭院内、草坪边缘等处，亦可作为行道树和公路绿化树种，孤植于园林中时，独树亦成景。

紫薇亦为制作盆栽和盆景的绝佳材料。其叶细、枝密、干粗、根露、耐整形修剪，易攀扎造型。紫薇桩景，老干嶙峋，拙扑可爱，与虎刺、枸杞、杜鹃、蜡梅、石榴等，并誉为盆景中的"十八学士"。因野生资源已遭破坏，需加紧保护。

紫薇的木材坚硬、耐腐，可作农具、家具、建筑等用材。

大花紫薇花色淡红，
花大，美丽，
常栽培于庭园供观赏。

石蒜

石蒜花开映日红

石蒜
Lycoris radiata

撷芳 ——植物学家手绘观花笔记

近看，花被裂片皱褶反卷成优美弧形，花瓣中心像喷泉般向四周迸射出细长花丝，仿佛节日夜空中的烟花；远观，红艳若霞，在路边、林缘、树下，或星星点点，或三五成丛、或成群连片，将秋光点缀得分外妖娆。清晨缀露而开的植株，在微风中轻轻摇曳，更显得婀娜多姿、风情万种。

夏末秋初，在林下、路边、草地，有一种花，会在不经意间，仿佛变魔术般，绽放她鲜红的花朵，在骄阳下灼灼如火，艳艳似霞，连群成片，又仿佛给大地覆了大块锦毡红毯，分外耀眼。这就是有"魔术花"之称的石蒜。

曾经一直不太理解，为何这种明艳照眼、喜气洋洋的花，会跟什么幽冥之狱和悲伤情绪联系在一起。近来多看了些石蒜的资料，方略有所悟。

古来多别名

石蒜（*Lycoris radiata*），又名红花石蒜，为石蒜科石蒜属多年生草本。鳞茎近球形。秋季出叶，叶狭带状，深绿色，中间有粉绿色带。伞形花序有花 4 ~ 7 朵，花鲜红色。花被裂片狭倒披针形，强度皱缩和反卷；雄蕊显著伸出于花被外，比花被长 1 倍左右。花期 8 ~ 9 月。原产我国长江流域，现各地均有栽培。

因叶及鳞茎酷似蒜，又生长于阴湿的石隙岩缝间，故得此名。因花瓣卷曲，故又有龙爪花之名。还有一枝箭、老鸦蒜、野水仙、平地一声雷等别名。

古时候，石蒜有一个常用名称叫金灯，该名至少始于唐代，《酉阳杂俎》中即有记载。明《汝南圃史》中"金灯"条目曰："金灯，独茎直上，末分数枝，枝一花，色正红，光焰如灯，故名。叶如韭而硬，八九月忽抽茎开花，花后乃发叶。"所指正为石蒜。清代陈淏子《花镜》中提到金灯花还有金黄、粉红、紫碧、五色者，可见是石蒜类花卉的泛称，并非专指某一种。南北朝江淹，曾作《金灯草赋》曰："山华绮错，陆叶锦名。金灯丽草，铸气含英……出万枝而更明，冠众葩而不群……"对金灯花（石蒜）极尽赞美。唐代卢殷也赞其"疏茎秋擢翠，幽艳夕添红"。

因石蒜属中的夏水仙（又名鹿葱）与萱草外形相似，古人常把二者混同。如《本草纲目》中的鹿葱指的就是萱草。明代《群芳谱》和清代《广群芳谱》修正了前人说法，将两种植物完全区分开："鹿葱色颇类萱，但无香尔，鹿喜食之，故以命名，然叶与花茎皆各自一种……本草注萱云，即今之鹿葱，误……则古人亦以鹿葱为萱花，盖一类而二种也。"

石蒜的英文名为"spider lily"或"red spider lily"，意为"蜘蛛百合"或"红蜘蛛百合"，非常形象地描述了石蒜的放射状花形仿佛蜘蛛的脚。

家族荟群英

石蒜为著名球根花卉，该属在全球有20余种，中国约有15种，主要包括石蒜、黄花石蒜、长筒石蒜、鹿葱等。花型有百合花型、萱草型、龙爪型等多种；花色有白、乳白、浅丁香紫、紫红、深红、玫红、麦秆黄、橙黄、橙红等，还有带条纹或彩晕的品种。花期在7～10月。国内杭州及南京的植物园等处种类较为丰富。

其他常见的石蒜属花卉包括：

忽地笑，秋季出叶。花色橙或橙黄，花被裂片背面具淡绿色中肋，有皱褶并反卷。花期8～9月。

中国石蒜，春季出叶，叶中间淡色带明显。伞形花序有花5～6朵，花黄色，花被裂片背面具淡黄色中肋，强度反卷和皱缩。花期7～8月。

鹿葱，又名夏水仙。秋季出叶。伞形花序有花4～8朵，花淡紫红色，花被裂片倒披针形，边缘基部微皱缩。花期8月。

另有白花、花被筒长4～6厘米的**长筒石蒜**；花初开时白色，渐变肉红色，具淡淡花香的**香石蒜**等种类。

传说颇离奇

石蒜有夏季休眠的特性。每逢花期，其花茎会突然自地面抽出，绽开美丽花朵，令人惊奇欣喜，故又被唤作"魔术花"。其花先叶开放，开时无叶陪伴；而出叶时花已凋谢无踪，故又有"花叶不见面"等名称，且衍生出一些有趣传说。

其中一个著名传说涉及两个守护石蒜的妖精，守护花的叫曼珠，守护叶的叫沙华，出于好奇，他们违背了单独守护石蒜的承诺，设法见了面，结果一见钟情，却因此激怒了神而遭严惩，被诅咒永不能相守，生生世世在人间受难。当这对苦命鸳鸯死后在地狱重逢时，便约定转世后重聚，却又双双违背诺言。为纪念他们，石蒜又被叫作曼珠沙华。这无疑是个悲情传说，花叶（相爱的人）两不相见，生生相惜，彼此思念……

按照日本的说法，黄泉路上曼珠沙华成片开放，通红似火，指引人们通向幽冥之狱。当灵魂踏上黄泉，渡过忘川，便会忘却生前种种。石蒜在日本常生于墓地附近，因整株有毒，可防田鼠等小动物接近，人们亦将其用于葬礼。

而石蒜最为人津津乐道的别名，莫过于彼岸花，就连 2015 年底的热门影片《寻龙诀》都将她作为贯穿始终的主线。彼岸花之名及其传说来自日本。在日本，3 月 20 日左右春分前后七天叫春彼岸，9 月 23 日左右秋分前后叫秋彼岸，其间，寺院会举行名为"彼岸会"的法事，信众们去寺院听说法，给祖先扫墓。因曼珠沙华于彼岸期间准时开花，故名彼岸花。所谓彼岸，是指三途河（生界与死界之交界）的彼岸，为佛教用语中的另一个世界，相当于西方极乐世界。在此，彼岸花指装点极乐净土的令人愉悦的花。同为石蒜，曼珠沙华为幽冥之狱的悲情之花，彼岸花却是极乐世界的快乐之花，这其中蕴含的超越生死、超越悲喜的某种哲理，引人深思。

药赏皆相宜

石蒜在夏末秋初时灿然绽放，种类丰富，姿娇色妍，被誉为"中国的郁金香"。其绿叶葱翠，经冬不凋，为秋花冬叶的观赏佳卉，可用于花坛、花境和林缘种植，亦为理想的地被植物。还可作组合盆栽，装点教师节、中秋节和国庆节等佳节，营造喜庆氛围。亦可用作插花和花束。荷兰自20世纪60年代即启动石蒜的商业性切花和种球生产。

石蒜自古即以鳞茎入药。鳞茎内含石蒜碱、多花水仙碱、加兰他敏等10余种生物碱。加兰他敏，为治疗小儿麻痹症之特效药，还可治疗早期阿尔茨海默病。

另，石蒜和忽地笑，这两种最常见的石蒜属植物，皆全株有毒，鳞茎毒性大。如误食中毒，会出现呕吐、腹泻、四肢乏力等症状，严重时呼吸麻痹，甚至死亡。这样娇艳却有毒的花，悦人眼目就好，不触碰更不食用，方为明智之举。

换锦花花色淡紫红，
花被裂片顶端常带蓝色。
本种的鳞茎还
是提取加兰他敏的原料。

桂花

桂子天香云外飘

桂花
Osmanthus fragrans

立秋之后，暑气渐消。8月下旬至9月初，空气中开始荡漾早桂的香气。中秋前后，大批桂花竞相盛放，密若繁星，清芬四溢，每当月明夜静，更令人心旷神怡，如入仙境，且不由想起唐代宋之问『桂子月中落，天香云外飘』的妙句。

撷芳 ── 植物学家手绘观花笔记

作为一种名花，桂花算不上姿色香韵俱佳者。清代张潮在其《幽梦影》中指出："花之宜于目而复宜于鼻香，梅也、菊也、兰也、水仙也、珠兰也、莲也，止宜于鼻者，橼也、桂也、瑞香也、栀子也……"认为桂花只适合闻香，却并不悦目。此说确有几分道理。桂之花，以黄色为基调，纤小如粟，覆于叶下，所谓"叶底深藏粟蕊黄"，清新淡雅，质朴无华，仿佛一位温婉而亲和的大家闺秀。当其盛开时，"密叶千层秀，花开万点金"，丰盛繁密，令人忍不住颂赞生命的蓬勃与美好。

物之美者，招摇之桂

考古资料证实，桂花在我国的生长历史已逾万年。广西桂林南郊甑皮岩洞穴新石器时代早期遗址中，曾发掘出桂花花粉化石。有关桂花的文献记载最早可追溯到春秋战国时期，说明桂花在中国的栽培历史不少于2500年。《吕氏春秋》赞称"物之美者，招摇之桂"。屈原《九歌》中有"援北斗兮酌桂浆"和"辛夷车兮结桂旗"之句。因木犀科桂花与樟科肉桂类植物形态相似，仅凭这些简单记载，并不能断定当时的"桂"即为桂花。

但可确定，自汉朝至魏、晋、南北朝时期，桂花已成著名花木，广泛用于园林造景，尤其是皇家园林。《西京杂记》载："汉武帝初修上林苑，群臣远方各献名果异树，其中有桂十株。"南朝陈后主曾为宠妃张丽华专造桂宫。魏、晋、南北朝时期，桂花以其清新淡雅的特质成为寺观园林的常用植物，杭州灵隐寺和天竺寺即以桂花而闻名。隋唐以后，"桂花""木犀""月桂"等字词时常出现于文人墨客的诗词歌赋和地方志中。宋高宗曾将一株忽变红色、异香的木犀，画为扇面，并题诗"秋入幽岩桂影团，香深粟粟照林丹，应随王母瑶池宴，染得朝霞下广寒"。

桂花有诸多别名与美誉，文化内涵极为丰富。因叶脉形如古代帝王诸侯举行礼仪时所用玉器——圭，得名"桂"。因材质致密，纹理如犀，又叫"木犀"。因色黄如金，花小如粟，别名"金粟"。因花时香飘数里，又有别称"九里香"。

此外，还有"紫阳花""仙客""仙友""广寒仙"等别名。典故传说不胜枚举，其中最著名、流传最广的当数"嫦娥奔月"和"吴刚伐桂"的神话故事，毛泽东曾写下"问讯吴刚何所有，吴刚捧出桂花酒"的浪漫诗句。人们视桂为月中"仙树"，对她珍爱有加；明月亦有"桂魄""桂宫""桂月"等别称。农历八月，古称"桂月"，既为赏月又为赏桂之最佳时期，"八月十五桂花香"之俗语妇孺皆知。

桂谐音"贵"，在我国历来被视为祥瑞植物，有荣华富贵之意，也是成功、光荣、纯洁、美好、吉祥的象征。秋试及第称"蟾宫折桂"，历来是飞黄腾达、仕途得志的代名词。

另，旧称子孙仕途昌达、尊荣显贵为"兰桂齐芳"。桂与莲子合图，为"连生贵子"；桂与寿桃合图为"贵寿无极"等。陕西汉中圣水寺的汉桂为我国最古老的桂花。相传为西汉萧何于公元前206年所植，树龄逾2220多年，高13米，冠幅400平方米，树干直径2米有余，至今花繁叶茂，蔚为壮观。

桂花自古为我国传统花木，遍植各地，应用广泛，1987年又跻身中国十大名花之列，深受我国各族人们的喜爱。我国已有23个地区以桂花为省（自治区）花、市花、县花。桂花已成为象征国泰民安、繁荣昌盛、盛世太平的中华名葩。

一流名葩，香韵俱佳

桂花虽不以色取胜，却也别有韵致。若说银桂、四季桂，以及浅色的金桂淡雅含蓄，像一幅淡彩，那么丹桂就是画风突变，光华夺目，有些橙黄、火红的品种，其艳丽程度堪比"烂漫烘晴天"的红山茶。有诗赞丹桂为"红芳金蕊绣重台"，俨然一幅色彩妍丽、惹人遐思的画卷。

然而，桂花终究胜在香。其香"清可涤尘，浓能透远"，分外宜人。宋代吕声之赞她"独占三秋压众芳"，宋代韩子苍直言"世上无人敢斗香"，谢懋评价桂花"占断花中声誉，香与韵，两清洁"，李清照更盛赞其"暗淡轻黄体性柔，情疏迹远只香留。何须浅碧深红色，自是花中第一流"。

明代朱熹诗则以"亭亭岩下桂，岁晚独芬芳"之句赞美桂花的卓尔不群，其实，四季桂尤其可贵，虽花疏香淡，却能花开四季，纵有霜压雪侵，依然傲立不凋。

"中庭地白树栖鸦，冷露无声湿桂花。今夜月明人尽望，不知秋思落谁家？"唐代王建《十五夜望月》诗中渲染的那种落寞心境、凄美氛围，不知曾令多少游子怦然心动。

遍植中华功用齐

桂花原产于我国长江流域至华南、西南各地，栽培分布区广阔。历史上有著名的桂花五大产区：江苏苏州、湖北咸宁、浙江杭州、广西桂林、四川成都，桂林就因桂树成林而得名。

杭州灵隐寺的桂树已是 1700 多岁高龄。西湖满觉陇的桂花在明代已成规模，"满陇桂雨"芳名远扬。苏州留园的木犀香轩、沧浪亭的清香馆、网狮园的小山丛桂轩均有与桂花相关的小景。南京中山陵亦为赏桂佳处，有万株桂园。"山寺月中寻桂子，郡亭枕上看潮头"，白居易的《忆江南》不知唤醒了多少人心中芬芳的江南记忆。

桂花在国外的栽培，除日本和越南外一般较少。栽培桂花最早由我国传入日本，后于 1771 年传至英国，以后欧洲、美洲一些国家相继引种，但种植面积有限。

金桂花色金黄，香气浓郁。

银桂花色淡黄白，
香气较金桂稍淡。

　　桂花虽应用历史悠久，但直至明清时期才有其类别或品种名称的确切记载。如今桂花已形成丰富的品种资源。根据木犀属植物品种国际登录权威向其柏教授桂花专著《桂花品种图志》，截至 2008 年，共记载 166 个品种，归为四季桂、银桂、金桂和丹桂四个品种群。通常，金桂花色金黄、香气浓郁；银桂花色淡黄白、香气较淡；丹桂花色橙红、清香扑鼻。

　　桂花是古今造园不可或缺的植物材料，亦为栽培最广的园林花木。从古代的皇家、私家、寺庙园林到现代的街道、居住区、广场，从室内盆景、庭院组景到主题公园，桂花已深入到园林的各个角落，可谓"无桂不成园"。园林中常庭前对植，有"两桂当庭、双桂流芳"之说。古典庭院中种植玉兰、海棠、牡丹、桂花，以取玉堂富贵的吉祥寓意。

　　桂花入馔也由来已久。2000 多年前即用桂花制酒、制花茶，唐代时桂花糕还是宴席珍品。顾仲《养小录》中记载了桂花汤的做法。桂花闻之香浓，食之可口，不论窨茶、浸酒、制糕点和甜食，皆为上品，为我们的生活增添了许多甜蜜享受，也是最常见的花卉美食原料。

　　桂花制取的芳香油或浸膏，为高级名贵天然香料，可用于各种香脂、香皂和食品。桂花木质坚固，为雕刻良材。因对二氧化硫、氟化氢等有害气体有一定抗性，桂花还是工矿区理想的绿化树种。

别样情缘长相忆

2005 年秋至 2009 年夏，笔者在职攻读博士学位期间，选择桂花作为研究对象，遂不但赴浏阳周洛的桂花峡探访野生桂花，还多次前往南京灵谷寺、梅花山、南京林业大学，无锡梅园、杭州满觉陇、杭州植物园等地，春采样，秋观花，与桂花无数次朝夕相对，自然生出些许特别的情愫。

桂花峡山谷石缝中野桂盘根错节、虬曲有致的风姿，灵谷寺万亩桂园的壮观，无锡梅园桂花品种的丰富，桂花盛放时的灿若繁星、浓香醉人，都成为深烙于心的真切而芬芳的记忆。为此，还编了一首打油诗，概述了自己开展桂花调研的特别历程和独特感受。诗中提及寻访桂花的四个主要地点：无锡梅园、南京灵谷寺、杭州满觉陇以及湖南浏阳的周洛景区。

我的寻芳之旅
——桂花情思

桂花别名唤木犀，中华嘉木植各地。

绿叶葱茏金花密，药食观赏功用齐。

周洛探幽寻芳迹，满陇品茗沐桂雨①。

灵谷金粟香十里，梅园丹桂色妍丽。

梨蕊皎洁玉玲珑，鄂橙明艳醉肌红。

江南丽人着淡妆，金盏碧珠缀鹅黄。

长梗素花垂银铃，天香台阁散晚馨②。

千层叶衬万重蕊，不觉人在花间醉。

---

① "满陇桂雨" 系杭城一道著名风景。
② 木犀、金粟为桂花别名。"梨蕊""玉玲珑""鄂橙""醉肌红""江南丽人""淡妆""金盏碧珠""鹅黄""长梗素花""银铃""天香台阁" 和 "晚馨" 皆为桂花品种名。

桂花——桂子天香云外飘

秋海棠

幽姿冷艳秋海棠

丽格秋海棠
Begonia×hiemalis

撷芳
——植物学家手绘观花笔记

秋海棠虽不于春日绽蕊吐艳，却在群芳百卉中占有独特地位。《花镜》云："秋海棠一名八月春，为秋色中第一"。

<table>
<tr><td>引子</td><td>幽姿冷艳的秋海棠是许多艺术家灵感的源泉。在北宋前期，秋海棠曾作为刺绣的花边纹样。秋海棠更是历代画家的创作题材之一。吴昌硕、齐白石、张大千、李苦禅等大师留下很多秋海棠名画，十分珍贵。1958 年，张大千凭借其在巴黎展出的《秋海棠》一画，被纽约国际艺术学会选为"当代伟大画家"，获金牌奖。秋海棠题材也见于历代瓷器、邮票和歌曲中。瓷器中有清朝的"粉彩秋海棠小碟"和现代的茅台酒酒瓶。</td></tr>
</table>

秋日发花非海棠

海棠有木本和草本两类，皆娇媚可爱，很多人常将两者混为一谈。木本者有蔷薇科的垂丝海棠、西府海棠、贴梗海棠等，在春日盛放。草本海棠可统称为秋海棠，既可观花，又可赏叶，多为温室花卉，可分为根茎类、球根类、须根类三大类，品种繁多，花艳姿妍，花期较长，易于栽培，长期以来作园艺和美化庭院的观赏植物。少数种类可供药用。

明代王稚登《荆溪疏》（约 1583 年）载："善卷后洞秋时，海棠千本并著花，一墼皆丹。"此处所指海棠实为秋海棠，该句描述了江苏宜兴善卷洞（分上中下三洞）景区的下洞附近，秋日秋海棠成片生长、红花盛开的壮观景象。

又如《红楼梦》第三十七回"秋爽斋偶结海棠社，蘅芜苑夜拟菊花题"中，探春发起成立了"海棠社"，大观园众人纷纷响应，吟咏的对象是贾芸送的两盆不可多得的白海棠。从海棠诗社成立于农历八月，以及宝钗、宝玉、黛玉等人诗中"胭脂洗出秋阶影""秋容浅淡映重门""秋闺怨女拭啼痕"等语句来推断，多半咏的是秋日绽开的秋海棠，而非春日盛开的蔷薇科海棠。从"七节攒成雪满盆"一句推断，很可能是开白花的竹节海棠。

依据花卉姿、色、香、韵的欣赏原则来评判，秋海棠至少占了姿、色、韵三项。《花经》上赞她幽姿冷艳，娇冶柔媚，几非凡尘中物。至于秋海棠是否含香，这一点姑且存疑。海棠无香，曾是曾巩（曾子固）的"平生五恨"之一，若说蔷薇科海棠的确艳而无香，那么，秋海棠的情形稍稍复杂。"小朵娇红窈窕姿，独含秋气发花迟，暗中自有清香在，不是幽人不得知。"此为清代文人袁枚赞美秋海棠的诗句。秋海棠种类甚众，其实多无香气，但也有少数例外，如紫背天葵、圆叶秋海棠和香秋海棠，且皆产自我国。至于所咏确为带香味的种类，抑或作者因喜爱而生错觉就不得而知了。

家族庞大姊妹众

秋海棠可泛指秋海棠科秋海棠属的植物，种类繁多。该属也是被子植物中成员最多的家族之一。广布于中美洲和南美洲、非洲和南亚。原产我国的约有130种。

秋海棠属植物全球品种逾万，涵盖了优美株形、奇特叶形、多彩叶色及斑纹、艳丽花色等多种观赏性状，是很受欢迎的观赏植物，不仅适合于温室栽培，还可室外栽培观赏。

根据观赏性状，秋海棠可分为观花者与观叶者。观花者往往花叶并美，如竹节海棠茎节似竹、清雅秀丽、繁葩簇锦。四季海棠叶色娇润、花朵妩媚、品种繁多，为世界第六大地被植物。观叶秋海棠时下备受青睐。如蟆叶秋海棠，叶大而形似象耳，叶面宛如一幅抽象图画，栽培十分普遍；铁十字秋海棠，叶

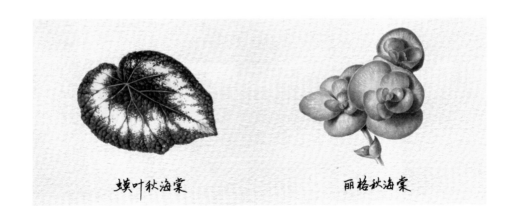

蟆叶秋海棠　　　　丽格秋海棠

面嵌有红褐色十字形斑纹，别致秀丽；其他如枫叶秋海棠、眉毛秋海棠皆别具一格。

球根秋海棠，系由原产南美山区的野生亲本培育出的园艺杂交种。植株繁茂，花大而美，品种极丰，为秋海棠之冠，亦为世界重要盆栽花卉之一。1960年美国曾育出具茶花型和康乃馨型的巴利里纳球根秋海棠，其花径可达20厘米，可谓硕大无朋，令人瞠目。

丽格海棠又名玫瑰海棠，为球根秋海棠和野生秋海棠的杂交品系。根为须根。叶心形，多为绿色，亦有棕色。花形硕大，花型花色极丰富，多为重瓣，花期可长达半年以上，是极为理想的四季室内观花佳品，在国际上十分流行，如今在我国花市上也颇为常见。

栽培悠久功用多

秋海棠在我国已有近千年栽培历史。明代王世懋所著《学圃余疏》中提到其种植和配置要诀："秋海棠娇好，宜于幽砌、北窗下种之。傍以古拙一峰，菖蒲、翠筠草，皆其益友也。"在江南庭园中，秋海棠常配置于阴湿的墙角、沿阶处。而矮生、多花的观花秋海棠，多用于布置夏、秋花坛和草坪边缘。

袁宏道《瓶史》云："秋海棠娇，然有酸态，郑康成（东汉末年儒家学者、经学大师，其家婢皆好读书）、崔秀才之侍儿也。"可见秋海棠早在16世纪末已在中国作为插花用。

如今，秋海棠已成为一种全球性的重要园林花卉。许多世界著名植物园都有秋海棠专室，美国、加拿大、澳大利亚等国秋海棠协会每年召开年会，同时举行秋海棠品种及栽培技术展示评比，英国皇家园艺协会每年秋季举办秋海棠展览。

然而，当代对于秋海棠最隆重、最壮观的展示恐怕莫过于创建于1971年、两年一度的比利时布鲁塞尔"鲜花地毯节"，这个花节庆已成为比利时一个传统

秋海棠｜幽姿冷艳秋海棠

180
181

而有特色的文化项目，数十万朵秋海棠等鲜花织成的硕大地毯，五彩缤纷，光华夺目，令人叹为观止。尽管我目前还无缘亲见秋海棠花毯的旷世美颜，但在美国密苏里植物园、北京植物园、沈阳植物园、2007 年天安门广场迎奥运主题花展、2010 年上海世界博览会场馆等处，也曾目睹秋海棠组成的地被、模纹花坛等。

秋海棠可食用。《本草纲目拾遗》有"丁宪荣云：秋海棠叶初生山左，小儿争采食之，味微酸、生津，能益唇色，如涂朱然，则其无毒可知"的记载。我国特产的紫背天葵，全草晒干可制备夏令饮料，酸甜可口，且有健胃、解酒之功。在南美多米尼加一些地区，如卡里勃斯和克瑞安里斯，也用秋海棠当茶叶饮用。1871 年普法战争期间，巴黎的居民曾用秋海棠代蔬菜，至今法国人仍用秋海棠叶片作蔬菜，烧鱼或作汤料，据说美味可口。

然而，对秋海棠最有创意、最浪漫的食用方式恐怕莫过于花露。冒辟疆在《影梅庵忆语》中，曾生动描述了董小宛自嫁入冒家之后，亲手制作花露的情形："酿饴为露，和以盐梅，凡有色香花蕊，皆于初放时采渍之。经年香味、颜色不变，红鲜如摘，而花汁融液露中，入口喷鼻，奇香异艳，非复恒有。最娇者为秋海棠露。海棠无香，此独露凝香发。又俗名断肠草，以为不食，而味美独冠诸花。"堪称一段"香艳"唯美、诱人遐思的文字。

情思缱绻韵致浓

秋海棠，自古即为一款极具韵致的花草，且被深深烙上"相思"与"苦恋"等印记。《采兰杂志》云："昔有妇人怀人不见。恒洒泪于北墙之下，后洒处生草。其花甚媚，色如妇面。其叶正绿反红，秋开名曰断肠花。即今之秋海棠也。"

鸳鸯蝴蝶派作家秦瘦鸥曾于 1941 年创作了小说《秋海棠》，讲述了一段凄美的爱情故事，曾被冠以"民国第一言情小说"。故事主人公将艺名改为秋海棠，取意"中国的地形，整个儿连起来恰像一片秋海棠叶"。

铁十字秋海棠的叶面
镶嵌有红褐色十字形斑纹，
别致秀丽。

　　而最为秋海棠抹上悲剧色彩的，莫过于宋代陆游与表妹唐婉的爱情故事。相传，陆游初娶表妹唐琬，夫妻恩爱，情投意合，惜唐婉不为陆母所喜，两人被迫分离，临别之际，唐婉赠陆游秋海棠留作纪念，并说"这是断肠红……"，陆游却说"我们不应称它断肠红，而应称它相思红……"后陆游无奈另娶，唐婉也含恨别嫁，两人在沈园不期重遇，陆游在园壁上题著名的《钗头凤》一词，唐婉依律赋《钗头凤》一首回赠，亦言辞凄婉，令人动容。唐婉在此次邂逅不久便忧郁而终。自此，秋海棠成为苦恋的象征。

　　近日再读《钗头凤》，忽尤为"泪痕红浥鲛绡透"一句所触动。细看秋海棠之花瓣，那抹轻红，闪着微光，质地宛然鲛绡（泛指薄纱）。如若独立墙角阶下，沾着露水，更如美人相思，泪湿鲛绡，楚楚可怜。

　　《红楼梦》第三十七回黛玉所写海棠诗中，一句"月窟仙人缝缟袂，秋闺怨女拭啼痕"满溢着幽怨情怀。再看，明代钟惺《咏秋海棠》中"年年秋色下，幽独自相存"，王士骐的《题秋海棠》诗中"弱质不禁露，幽怀欲诉风"，无不强调了一个"幽"字。可见，传统观念中秋海棠仿佛是位思春的深闺红颜，幽独、哀怨，情思缱绻。

　　不过，时代在变，人们审美的标准和心境也开始多元化。若说庭园中冷艳凄清、寂然伫立的秋海棠，依旧牵动情思、惹人垂怜，那么展会上球根和丽格秋海棠那不加掩饰的热闹、丰盛与明丽，带给人们的却是不一样的开朗与欢愉。

菊花

秋菊有佳色

菊花
Chrysanthemum morifolium

经历了一夏的花事寂寥、色彩单调，当姿丰色艳的菊花，蓦然扑入眼帘，会让你真切品味到秋的丰盛与绚烂，生发出莫名的满足与欣喜。而那清雅的菊香，散发着浓郁的秋之气息，深吸几口，会令你神清气爽，俗忧暂忘。

撷芳 —— 植物学家手绘观花笔记

引子

菊花别名黄花、金英、九华，又有寿客、东篱客等别称。古代，从士大夫阶层到普通百姓，菊花历来倍受珍爱。无数人为之低首下伈，吟咏不绝。从战国时屈原的"夕餐秋菊之落英"，到东晋陶渊明弃官归田，"采菊东篱下，悠然见南山"，再到宋代范成大在《范村菊谱》中赞曰："山林好事者，或以菊比君子，其说以为岁华晚晚，草木变衰，乃独晔然秀发，傲睨风露，此幽人逸士之操。"再到现代陈毅元帅的"秋菊能傲霜，风霜重重恶。本性能耐寒，风霜其奈何！"菊，这位端雅俊秀、凌霜盛开的花中仙子，历来被视为洁身自好之有德君子的化身，寓意高洁与坚贞，与梅、兰、竹并誉为"花中四君子"。

与秋天关联最密切的花卉，恐怕非菊花莫属。菊常被称作秋菊，始开于初秋，花期贯穿整个秋季。尤其是国庆前后至11月中下旬，各类菊花次第绽放，美丽绝伦。

打小就养成秋季去南京玄武湖公园赏菊的习惯，菊的多姿多彩早已深印心田。后来，进南京农业大学选择了观赏园艺专业。为完成毕业实习，曾亲手扦插了上百盆菊花苗，最后悉数移植于学校的实验地，算是对母校的临别"赠礼"。近年来，又在南京湖熟菊花基地、无锡锡惠公园、美国密苏里植物园等多地赏菊。深感菊花与金秋，是难以分割、互相成就的美好存在。

墨菊的花色黑里透红，泛着丝绒般的光泽。

菊花——秋菊有佳色

历史悠久底蕴厚

菊原产于我国，栽培历史悠久。关于菊花的记载可追溯到 2500 年前的古籍中。《礼记·月令》中即有"季秋之月，鞠有黄花"之句。"鞠"为菊的古字。《山海经》曰："女几之山，其草多菊。"

战国时，大诗人屈原在《楚辞·离骚》中即表达了对菊花的特别偏爱，对后世人们崇尚菊花产生了深远影响。他以"春兰兮秋菊，长无绝兮终古"的诗句，将秋菊与春兰并加称颂，"春兰秋菊"后世还成了一句成语。他还表达了"朝饮木兰之坠露兮，夕餐秋菊之落英"的浪漫向往，也拉开了我国鲜花食用的序幕。

到汉代，菊花发展成为药用植物，《神农本草经》中有"久服菊花可轻身、耐老、延年"的记述，故菊花又有"寿客"之称，象征延年益寿。据《西京杂记》记载，汉高祖刘邦的爱妾戚夫人的侍儿贾佩兰，出宫后嫁给扶风人段儒为妻，曾提到在宫中每年"九月九日佩茱萸，食蓬饵，饮菊花酒，令人长寿"。重阳节的习俗由此流传至民间，并渐成全民节日，且有"茱萸为辟邪翁，菊花为延寿客"的说法。自晋代开始，菊花又成为观赏花卉。陶渊明"秋菊有佳色，裛露掇其英"，表明菊花始栽于田园。

魏晋以前，菊花似乎仅黄色一种，故常被称为黄花。至唐代，先后出现不同花色的品种。宋代时，菊花由露地栽培发展到盆栽，品种有较大发展，并诞生了我国第一部艺菊专著刘蒙的《菊谱》，记载菊花 36 品，明、清时期，艺菊之风更胜。出现了一系列重要的花卉专著，如王象晋的《群芳谱》、高濂的《遵生八笺》、陈淏子的《花镜》、汪灏的《广群芳谱》等，所记载菊花品种逐渐丰富。中华人民共和国成立后，艺菊事业一波三折。20 世纪 80 年代以后，有了长足发展。我的母校南京农业大学对中国菊花品种进行了调查研究，整理出 3000 多个品种。艺菊也向大型化、专业化方向发展。

多姿多彩香盈袖

菊花，可为菊属多年生草本的统称，有 30 余种；通常特指 *Chrysanthemum morifolium*，亦名秋菊。园艺品种达 3000 多种，堪称百花园中的一朵奇葩。

菊花有多种分类方式，比如依花色、依植株高矮、依花径大小等。其中应用较广的是依花型分类。根据花型的差异，菊可分为平瓣类、匙瓣类、管瓣类、桂瓣类、畸瓣类五大类。每个瓣类又含若干花型，如平瓣类中有荷花型、芍药型……匙瓣类中有蜂窝型、莲座型……管瓣类中有丝发型、璎珞型……畸瓣类中有剪绒型、龙爪型等。

菊花的栽培形式多样，如一花独放的独本菊，花团锦簇的大立菊，悬垂而上、繁葩密缀的悬崖菊，以及野趣盎然的盆景菊等，真令人叹为观止，驻足流连。菊还为世界四大切花之一，饮誉全球。

我国一些城市艺菊历史悠久，技艺高超，闻名遐迩。仅以开封为例，菊花种植可追溯到南北朝时期，至宋代时，已驰誉全国。据《东京梦华录》载："重九都下赏菊，菊有数种……无处无之，酒家皆以菊花缚成洞户。"足见种菊者广、爱菊者众。2000 年，开封市被誉为"菊花"之乡，各大公园皆设有菊花基地，开封菊花也被冠以"甲天下"的美誉。菊花，业已成为北京、太原、开封、南通、湘潭、中山等城市的市花，广受青睐。如今，每届秋日，各地纷纷举办菊展，引得游人如潮，流连忘返。

菊，为中国十大名花之一，亦为百花之中姿色香韵俱佳者，殊为难得。

花色，丰富多彩，几乎囊括了色谱中的所有颜色，但以黄色和紫色居多，又以墨菊较罕见，绿菊最典雅，所谓"露凝千片玉，菊散一丛金""暗暗淡淡紫，融融冶冶黄"。白菊是"仙人披雪氅，素女不红装"。红菊为"罗绮娇秋日，楼台媚晚霞"。

姿态，雍容端庄、丰满华丽、婀娜多娇、潇洒飘逸、轻盈妙曼、如梦似幻，可谓变化万端，风格迥异。

绿菊的色彩最为清新典雅。

香气,清新幽远,怡神爽心。汉武帝刘彻赞曰"兰有馨兮菊有芳",晋许询诗云"青松凝素体,秋菊落芳英",宋欧阳修颂赞"黄花万蕊雕遶绕,通体清香无俗调"。

风韵,俊逸端雅,高洁坚贞。唐白居易云:"耐寒唯有东篱菊,金粟初开晓更清。"宋陆游称颂:"菊花如端人,独立凌冰霜。"唐杜甫更盛赞她"凌霜留晚节,殿岁夺春华"。

菊花诗文中,最喜欢李清照《醉花阴》的情调:"薄雾浓云愁永昼,瑞脑消金兽。佳节又重阳,玉枕纱厨,半夜凉初透。东篱把酒黄昏后,有暗香盈袖。莫道不消魂,帘卷西风,人比黄花瘦。"深闺中的怀人少妇,西风中的清瘦黄花,情景交融,引人遐想。最后三句,更把词人思念丈夫的满怀愁绪、无边寂寞渲染得婉转细腻,令人动容,传为千古绝唱。

入馔美味亦添寿

菊的功用甚广。史正志《菊谱》云:"所宜贵者,菊苗可以采,花可以药,囊可以枕,酿可以饮,所以高人隐士,篱落畦圃之间,不可一日无此花也。"肯定了菊花的广受喜爱和用途多样。

菊的花、叶、全草可入药。常用的药菊有杭白菊、亳菊、滁菊、怀菊等。

菊花入馔，由来已久，始于屈原的"夕餐秋菊之落英"。自西汉以来，民间都有重阳节饮菊花酒以驱邪添寿的习俗。唐代陈藏器的《本草拾遗》、宋代罗愿的《尔雅翼》和李时珍的《本草纲目》，皆有对菊花酒制作方法的描述。唐代菊花糕为国宴珍品。清代顾仲《养小录》载：甘菊苗，汤焯拌食，拖山药粉油煤，香美。《御香缥缈录》中有慈禧爱吃白菊的描写。

菊馔花样繁复，菊羹、菊花粥、菊花糕、菊花里脊、菊花鱼片、菊花沙拉、菊花馅饼、菊花饺子、炸菊花丝等不一而足。以黄菊与肥肉精制而成的菊花甜肉为广东名菜，在港澳极为畅销。菊花火锅为北京菊餐之名品。开封、广东小榄、北京平谷、南京湖熟等多地都推出了各具风味的菊花宴。

菊餐虽好，却并非各种菊花皆宜入馔，李时珍在《本草纲目》中曾述："菊类自有甘苦二种，食品须用甘菊。"《广群芳谱》亦云："甘菊，一名真菊，一名家菊，一名茶菊……惟此叶淡绿柔莹，味微甘，咀嚼香味俱胜，撷以作羹及泛茶，极有风致。"食用菊多为满天星系（小菊）中的品种，据说主产广东，主要有蜡黄、细黄、细迟白、广州大红等品种，为酒宴名贵配料。当然，新的食用菊种类也在不断推出。除入馔外，菊花尚可窨茶，可养肝明目。

菊花应用，也有一些讲究。在我国，平日不宜单独送黄色或白色的菊花，那往往是祭奠亡灵时用的。

小妙方

菊花馅饼

取初开菊花瓣适量，洗净，切碎，与适量猪肉末、葱、姜、食盐、味精等佐料一起拌成馅，再用和好的软面包成馅饼，或烙或用油煎，风味甚美。

木芙蓉

芙蓉深秋殿群芳

木芙蓉
Hibiscus mutabilis

时届深秋，当西风乍起，残菊凋零，秋叶焕颜，便渐生萧瑟之意。

此时，木芙蓉却朵朵嫩蕊娇花，「染露金风里，宜霜玉水滨」，缀露披霜，簇锦凝霞，艳照秋江，把林塘秋色装点得分外绚烂，正所谓「千林扫作一番黄，只有芙蓉独自芳」。

撷芳——植物学家手绘观花笔记

有所谓三醉芙蓉，一日换三色，朝白、午桃红、晚深红，所谓"晓妆如玉暮如霞"，亦此中佳品。一种是三天变色，叫作"添色拒霜花"，始开白色，明日稍红，又明日则若桃花然（《益部方物畧记》）。另有一种弄色木芙蓉，人称"文官花"，产于四川邛州，一日白，二日浅红，三日黄，四日深红，及落时，又变作紫色，比三醉芙蓉更为名贵。还有开黄花者、花色红白相间的鸳鸯芙蓉等，亦颇珍贵。可见芙蓉花是位典型的善变美人，千娇百媚，让人常看不厌。

嘉卉产西南，繁盛在川湘

对木芙蓉有两次印象最深：一次在南京的七桥瓮公园，水边的木芙蓉与木桥和水面，组成一幅清艳可人、意趣盎然的秋景图。一次是 2018 年秋天在苏州，应邀去相城区一所小学开展讲座，午后在校园中轻松漫步，蓦然看见一面墙前几丛木芙蓉蓬勃绽放，白、粉、红、红白相间，一树灿然，在蓝天和绿叶映衬下显得格外娇艳。

木芙蓉为锦葵科木槿属落叶灌木或小乔木，高 2～5 米。叶掌状，作浅裂，裂片三角形。花大，单生于枝端叶腋间，初开时白色或淡红色，后变深红色，花瓣近圆形。花期 8～10 月。常重瓣和半重瓣。重瓣者花类牡丹、芍药，殊为丰艳。

因花艳如水芙蓉（荷花），木芙蓉又叫木莲。白居易诗云："晚凉思饮两三盃，召得江头酒客来，莫怕秋无伴醉物，水莲花尽木莲开。"木芙蓉还有"拒霜"或"拒霜花"的别名，《汝南圃史》云："芙蓉花，九月霜降时开，故又名拒霜。"

在早期文献中，芙蓉指的是荷，如屈原的"制芰荷以为衣兮，集芙蓉以为裳"。《本草》云："其叶名荷，其华未发为菡萏，已发为芙蓉。"在王昌龄"荷叶罗裙一色裁，芙蓉向脸两边开"的诗句中，芙蓉也指荷花。至于古诗文中，芙蓉究竟指荷花还是木芙蓉，恐怕还得依据上下文和相关背景来判别。

有趣的是，人们不免会对两种芙蓉进行比较，且往往认为木芙蓉较水芙蓉花色更红艳，如韩愈《木芙蓉》诗评曰："寒露丛，远比水间红。艳色宁相妒？嘉名偶自同。"荷花多为粉色，不及木芙蓉红艳，但各具其美，并无高下之分。

木芙蓉原产我国西南部，四川、湖南一带栽培尤盛，以群植最为壮观。五代时，蜀后主孟昶，在成都城上遍植木芙蓉，每至秋季，四十里如锦绣，高下相照，因名之曰"锦城"，又称"蓉城"，成都遂简称"蓉"，现亦以木芙蓉为市花。五代末诗人谭用之游湘江时，见两岸木芙蓉雨中盛开，妩媚妖娆，遂作《秋宿湘江遇雨》七律一首，有"秋风万里芙蓉国"之句，后人遂美称湖南为"芙蓉国"。据清代劳大与的《瓯江逸志》载，浙江温州特产佳种醉芙蓉，瓯江由此得名"芙蓉江"。

清艳照秋江，幽姿独拒霜

"众芳摇落后，秋色在林塘。""艳态偏临水，幽姿独拒霜。"作为秋日名卉，木芙蓉历来倍受宠爱，自古文人也争相为之题咏。

芙蓉清艳，被评为秋色中最佳者。人们喜以其形容美人面色，比如，白居易《长恨歌》中的名句"芙蓉如面柳如眉"，又如王介甫以"水边无数木芙蓉，露滴胭脂色未浓，正似美人初醉著，强抬青镜欲妆慵"赞其秀色，芙蓉俨然已成为佳人象征。唐代诗人黄滔甚至认为美人也难与芙蓉媲美："须到露寒方有态，为经霜裹稍无香。移根若在秦宫里，多少佳人泣晓妆。"调侃宫中佳人晨妆对镜，会自惭容颜不及芙蓉美艳。

芙蓉喜水。《长物志·花木》云："芙蓉宜植池岸，临水为佳，若他处植之，

单瓣木芙蓉,
木芙蓉清艳,被评为秋色中最佳者.
单瓣的木芙蓉与重瓣者相比,
多了几分妩媚的韵致。

绝无丰致。"苏东坡在杭州主事时,筑苏堤,曾遍插芙蓉,灿如云锦。清高士奇《北墅抱瓮录》亦云:"木芙蓉潇洒无俗姿,性本宜水,特于水际植之……犹朝霞散绮,绚烂非常。"明代大臣谢迁更把芙蓉唤作"秋江主人",把芙蓉宜水和独占秋光的特点活画出来。

芙蓉耐霜。宋代刘珵《芙蓉洲》云:"谁怜冷落清秋后,能把柔姿独拒霜。"苏轼诗云:"溪边野芙蓉,花水相媚好。坐看池莲尽,独伴霜菊槁。"芙蓉,目睹莲花(水芙蓉)凋零,又伴秋菊枯槁,在深秋独殿群芳,难怪《群芳谱》赞誉"此花清姿雅质,独殿群芳,秋江寂寞,不怨东风,可称俟命君子"。

芙蓉花大而艳,其中大红千瓣的花朵最大,瓣中多蕊,与牡丹、芍药很相像。宋代周必大《二老堂诗话》曰:"花如人面映秋波,拒傲清霜色更和,能共余容争几许,得人轻处只缘多。"慨叹芙蓉虽美,却远不及芍药受宠,只因开花太多。芙蓉在某些古代文人眼中的地位也着实不高,宋代张翊的《花经》中称芙蓉为九品一命;明代张谦德的《瓶花谱》中,也仅升至六品四命;袁宏道《瓶史》中干脆认为"木樨(即桂花)以芙蓉为婢"。这"花界"也被人为分成三六九等,不禁让人感慨。

好在,还是推崇芙蓉者更众。在古典名著《红楼梦》中,曹雪芹分别把林黛玉和晴雯同芙蓉联系起来。黛玉被视为芙蓉化身,又借众人之口说"除了她,别人不配做芙蓉"(《红楼梦》第六十三回)。而另一位极富个性的丫鬟晴雯,其境遇和气质,与芙蓉颇为相符,在其离世后,宝玉封她为芙蓉花神,并作长文《芙蓉女儿诔》痛悼之(《红楼梦》第七十八回),足见曹雪芹对芙蓉格外偏爱。

可制薛涛笺,曾染芙蓉帐

木芙蓉功用颇丰。园林中多丛植墙边、路旁或成片栽于坡地。木芙蓉植于水滨,波光花影、景色秀媚,在铁路、公路、沟渠边种植,可护路固堤。

古人赏木芙蓉颇讲究意境。吕初泰在《雅称篇》中评述:"芙蓉襟闲,宜寒江,宜秋沼，宜轻阴，宜微霖，宜芦花映白，宜枫叶摇丹。"

木芙蓉可入药，花还能入食谱。宋代时用花煮豆腐，红白相衬，恍若雪霁之霞，故美其名曰"雪霁羹"。做法为：芙蓉花采瓣，汤泡一二次，拌豆腐，略加胡椒。据说红白可爱且可口。

木芙蓉茎皮纤维柔韧耐水，可制笔、绳及纺织品。《农桑衣食撮要》云："候芙蓉花开尽，带青秸过，取皮，可代麻苘。"木芙蓉所制最著名的纺织品恐怕非芙蓉帐莫属。据《成都记》载，蜀主孟昶"以花染缯为帐，名芙蓉帐"。其实，早在唐代白居易的《长恨歌》中即有"云鬓花颜金步摇，芙蓉帐暖度春宵"的香艳描写。

此外，颇负盛名的"薛涛笺"竟与木芙蓉有密切关联，这种色深红、颜色及花纹精巧鲜丽的笺纸，相传是唐代蜀中才女薛涛，由浣花溪水、木芙蓉皮和木芙蓉花汁制作而成，又名"浣花笺"。李商隐有"浣花笺纸桃花色，好好题诗咏玉钩"的诗句。相传，薛涛当年喜着红色衣裳流连于成都浣花溪畔，当四处栽植的红色木芙蓉映入眼帘，她的灵感由此被激发，遂于当地工匠指点下，制成了这款便于携带又颇具个人色彩的"薛涛笺"。明代宋应星的《天工开物》评述其为"其美在色，不在质料也"。

木芙蓉还有另一种妙用。其枝干的汁液富于胶汁，昔日女子以芙蓉木刨成片屑泡水涂发，能令鬓发光润服帖，即俗称"刨花"，此法至今仍为人沿用。

木芙蓉如此妍妙，无怪有人感叹"若遇春时占春榜，牡丹未必作花魁"了。

红叶

秋深枫叶红

枫香树
Liquidambar formosana

时序进入深秋，红叶一经霜后，便有层林尽染，如火如荼，灿若春花，所谓「似烧非因火，如花不待春」，绚烂的秋色，令人心驰神往。

撷芳——植物学家手绘观花笔记

引子

《花镜》云:"枫一经霜后,黄尽皆赤,故名'丹枫',秋色之最佳者。"又据《说文解字》载:"枫,木厚叶弱枝善摇,汉宫殿多植之。霜厚叶丹可爱,故称帝座曰枫宸,又称丹宸,即丹枫也。"可见古人对枫的推崇。"黄红紫绿岩峦上,远近高低松竹间,山色未应秋后老,灵枫方为驻童颜。"展现了一幅枫树叶色渐变、绚丽明艳的动人画卷。

本书描述的多为观花植物,红叶虽属于观叶植物,却也属于广义的花卉范畴,加之观赏景点众多、影响广泛,故列入。

其实,红叶只是一种泛称,凡叶呈红色,或叶色变红者皆可归入其列。秋天的红叶种类甚多,有"北看黄栌,南赏枫叶"之说。南方的红叶树种,最负盛名者当属枫香,即人们所俗称的枫叶。然而,许多槭树科植物亦被称作枫。

北京香山、长沙岳麓山、苏州天平山与南京栖霞山号称我国四大传统红叶观赏胜地。各处红叶景观可谓各具特色、难分伯仲。如今,全国赏红叶胜地比比皆是,像新疆喀纳斯、四川九寨沟、江西婺源等,皆有红叶佳境。曾顺路去过北京香山和长沙岳麓山,可惜皆非深秋,未能一览红叶美景。

因就职于南京中山植物园,故对园中红枫岗的秋景最有感触。红枫岗地势蜿蜒起伏,面积近30000平方米,收集保存槭树科植物60余种逾3000株,主要有鸡爪槭、红枫、建始槭、五裂槭、中华槭、秀丽槭等,配以枫香、乌桕、黄连木、榆树、榉树等其他彩叶树种10余种。一俟秋深霜降,即渐成红叶竞艳之佳境,届时原本略显萧瑟的园子,被蓝天与红叶衬得明艳和欢脱,一时游人如织,热闹非凡。

鸡爪槭

红叶——秋深枫叶红

丹枫霜染别样红

三角枫因一片叶呈斑斓无色，故有"五彩枫"之美名。

枫香树，别名红枫、丹枫、灵枫，为金缕梅科枫香树属落叶乔木。产我国秦岭及淮河以南各地。高可达 30 米。胸径最大可达 1 米。叶阔卵形，掌状 3 裂。

在我国红叶胜地中，南京栖霞山、苏州天平山和长沙岳麓山均以枫香而闻名遐迩。每届深秋霜后，高大的枫树，搭配其他红叶，漫山红遍，艳胜云霞，常引得游人纷至沓来。天平山现存范仲淹 17 世孙范允临 400 年前自福建引种的 380 余株枫香树，至今大都老而弥坚，成为天平山一大景观。而在有"金陵第一明秀山"美誉的南京栖霞山，红叶种类众多，百年以上的枫树达 500 余株。长沙岳麓山拥有 200 余株枫香古树。著名的爱晚亭始建于清代乾隆年间，系取杜牧诗句"停车坐爱枫林晚，霜叶红于二月花"之意命名。

古人常以鹌鹑、菊花、枫树落叶等组成装饰，"鹌"与"安"、"菊"与"居"、"落叶"与"乐业"谐音，寓意为"安居乐业"。

枫香树树高、冠广、干直，气势雄伟，深秋叶红似火，美丽壮观，在山上和开阔场景中效果尤佳，所谓"枫香宜远眺，红枫可近观"。南方地区，可在低山、丘陵营造风景林，或在园林中做庭荫树。枫香树对二氧化硫、氯气有较强抗性，并具耐火性，适合工厂矿区绿化。

红叶翩翩种类丰

红叶为泛称，故诗词中所指红叶或霜叶，并非专指枫。如"枫叶荻花""霜叶红于二月花""寒山十月旦，霜叶一时新"等。而枫亦不专指（金缕梅科）枫香，槭树科植物往往也被称为枫。

槭树在我国应用历史悠久。我国西晋时期，潘岳《秋兴赋》中即有"庭树槭以洒落兮，劲风戾而吹帷"的妙句。我国各地常见不少槭树古木，如无锡太湖边一株三角枫古树高20米、胸径2.7米，逾500岁高龄，仍枝繁叶茂，秋叶红艳，其他如云南宾川鸡足山华严寺、北京西山、苏州怡园和留园等均有槭树古木。

我国的槭树种类最为丰富。在黄岳渊的《花经》中提到的槭树就有青枫、红枫、垂枝枫、色黄绿若金的黄金枫、形大若鸭掌的鸭掌枫、色淡黄嵌黑丝的群云枫等多种。如今，共有150余种及众多变种、品种，广布于全国各地，而以长江流域为现代分布中心，有100种以上。槭树科植物叶色以绿、红、黄为主，变化多端。秋叶红艳的自不必说，还有春叶红艳的红槭，秋叶黄色的梓叶槭、元宝槭、青榨槭，常年红艳的红枫等。叶形变化也极为丰富，如元宝槭、三角枫、五角枫、鸡爪槭、樟叶槭等。

鸡爪槭在我国和日本庭园中皆十分常见，亦为许多南方景点的特色红叶树种。变型变种逾千种，其中，较常见的有叶片终年紫红色的红枫；叶裂片呈羽状分裂的羽毛枫等。鸡爪槭叶形清秀，枝条舒展，树姿洒脱，霜叶红颜若醉，如火如荼，令人心驰神往。

三角枫，变色时由青变黄，黄变橙，橙变红，红变紫，一片叶呈斑斓五色，故有"五彩枫"之美名。

元宝槭为北方最常见的红叶树种。落叶乔木。叶常5裂，稀7裂。基部截形。《中国植物志》认为我国古代叫做槭树且利用很广的就是元宝槭。

槭树科还有一些特殊种类。如叶片5裂、具乳汁的羊角槭，因数量极少、分布狭窄，已陷入灭绝险境，被列为国家Ⅱ级保护植物。樟叶槭，叶似香樟叶，且四季常绿，从外表看完全不像典型的槭树科成员。

黄栌，为漆树科灌木，又名烟树、红叶树，以其木质色黄、可作黄色染料而得名，在北京被称为"西山红叶"，陈毅元帅有"西山红叶好，霜重色愈浓"的赞美诗句。黄栌叶形如团扇，霜后红紫夺目。春末花后，不孕花的花梗变长，并呈现粉红色羽毛状，远望如迷蒙烟雾，被比作"叠翠烟罗寻旧梦"和"雾中之花"。夏赏"紫烟"，秋观红叶，美丽别致的黄栌成就北京香山成为北国最著名的秋游胜地。

乌桕为大戟科植物。叶呈心形，入秋后艳若春花，较枫叶早红，亦早落，所谓"乌桕赤于枫，园林九月中"。宋代林逋则有"斤子峰头乌桕树，微霜未落已先红"的诗句。

古诗词中，红叶往往与黄花（菊花）、芦苇等连在一起，构成典型的秋景秋韵。如"菊花含雨艳，枫叶醉霜红""雁啼红叶天，人醉黄花地""枫叶芦花秋兴长"等。尤其喜欢白朴《天净沙·秋》的意境："孤村落日残霞，轻烟老树寒鸦，一点飞鸿影下。青山绿水，白草红叶黄花。"俨然描绘了一幅绝美的山村秋意图。

秋深叶红是诗意、浪漫的，又带了一丝落寞与无奈。毕竟是深秋，不论多么华美光鲜，凋落之后即为初冬，萧瑟孤寂寒冷的日子已然不远。这一年当中最后的丰盛与亮丽，怎不值得人们格外珍惜。

颜美兼有多样功

宋代张翊《花经》云："枫叶一经秋霜，酡然而红，灿似朝霞，艳如鲜花，杂厝常绿树种间，与绿叶相称，色彩明媚，秋色满林，大有铺锦列秀之致。"不但盛赞枫叶美景，还点出了其配置要点。目前，槭树广泛应用于小型庭院的造景，多孤植、丛植，也适宜植于瀑口、山麓、溪旁、池畔、园林建筑及小品附近。鸡爪槭等小乔木适植于常绿针叶树、阔叶树或竹丛之前侧，枝叶扶疏，秋叶如染，美艳如画。元宝枫、五角枫和三角枫等乔木为各地常见的优良行道树。

乌桕为东南地区常见经济树种，种子可取蜡供制烛、制皂，可榨油供点灯、做油伞，用途颇广。元宝槭种子含油丰富，可作工业原料，木材细密可制造各种特殊用具，并可作建筑材料。

黄栌的木材古代作黄色染料。《本草纲目拾遗》载曰："黄栌……叶圆木黄，可染黄色。"树皮和叶可提炼栲胶。叶含芳香油，为调香原料。嫩芽可炸食。

提及红叶入馔，不可不提加拿大的糖槭，又名糖枫，为高达40米的大乔木。加拿大有"枫叶之国"美誉，其国旗中央正是硕大红艳的糖槭树叶。糖槭树液熬制成的糖叫枫糖，清甜可口，可加工成琳琅满目的美味食品。

在日本大阪箕面国家公园，每到深秋就会推出一道名为"红叶天妇罗"的应时甜点。人们将枫叶（据说还是某个特定种类，有待考证）采下，以食盐腌制1年，然后沾上甜面粉和芝麻后油炸，口感香甜酥脆，形状则别有诗意，是秋天赏枫之最佳茶点。据说日本人享用炸枫叶的历史有千年之久。

古人曾以黄栌叶代纸题诗。相传唐僖宗时，书生于祐在御沟中捡到题诗红叶一片，因同情作者——宫女韩夫人的不幸遭遇，遂于红叶上题诗一首，投入御沟上游，又恰被韩所拾。后宫女出宫，韩夫人竟找到于祐并结为夫妻。相见时，出示红叶，惊为良缘前定，遂共同写下"今日却成鸾凤友，方知红叶是良媒"的妙句，留下"红叶为媒"的佳话。

关于红叶题诗，不禁想起晚唐诗人郑谷的一首《郊野》诗："蓼水菊篱边，新晴有乱蝉，秋光终寂寞，晚醉自留连，野湿禾中露，村闲社后天，题诗满红叶，何必浣花笺。"诗中弥漫着浓郁秋意和盎然野趣。末两句，不但用了红叶题诗之典，还提到浣花笺。浣花笺又名"薛涛笺"，系唐代才女薛涛，由浣花溪水、木芙蓉皮和芙蓉花汁制作而成，为颇负盛名的题诗笺纸。而不论红叶还是木芙蓉，皆为秋天的观赏植物，算是一种浪漫巧合。

蜡梅

色娇香隽话蜡梅

蜡梅
Chimonanthus praecox

寒冬腊月，在大自然的清冷枯寂之中，花色娇黄、暗吐馨香的蜡梅分外惹眼。她不惧严寒，迎风冒雪，花开于春前，为百花之先，特别是虎蹄梅，农历十月即放花，故人称早梅。所谓：「条风一夜入残年，冻蕊含香娇可怜，二十番花信转，春魁还自让君先。」

撷芳——植物学家手绘观花笔记

引子

蜡梅虽花色娇黄，但香气清幽，开于严冬，给人的总体印象是素淡的，故有别名叫素儿，典出《宾朋宴语》："王直方父家多侍儿，一名素儿，尤妍丽，晁补之（北宋著名文学家）见后甚爱之，后王直方送蜡梅于晁补之，晁补之以诗相谢：'去年不见蜡梅开，准拟新年恰恰来。芳菲意浅姿容淡，忆得素儿如此梅。'"一时传为美谈，后人遂戏称蜡梅为"素儿"。

蜡梅原产于我国，野生者分布于我国中部秦岭、大巴山、武当山等地。湖北西部的神农架有面积逾 2.7 平方千米的原始蜡梅林，四川省东北部达州市目前亦有成群连片的野生蜡梅约 33.4 平方千米，一望无际，蔚为壮观。

蜡梅在宋代已普遍栽培，并作为插花相赠。历史上著名的蜡梅栽植地区河南鄢陵，其蜡梅种植始于宋代，至明清时更盛，有"鄢陵蜡梅天下冠"之誉，自此，鄢陵蜡梅名闻天下，曾出现过"一株至白金一锾者"（白金，白色金属，或为银、锡、铅；1 锾约 200 克）的现象，足见蜡梅名品之珍贵。如今，蜡梅的栽培范围已很广泛，遍及东西南北。栽培数量较多的有上海、南京、镇江等地。蜡梅在国外栽培不多。17 世纪传入日本、朝鲜，18 世纪后期传入欧洲。1990 年方传入美国。

作为中国传统名花，蜡梅历来深受喜爱，被赞为"虽无桃李颜，风味极不浅""枝横碧玉天然瘦，蕊破黄金分外香"。风姿、韵致不亚于梅花。她色娇香隽，为寒中极品，英文名"wintersweet"意为"冬天里的甜蜜"。

开于腊月绝非梅

但蜡梅绝非梅花，许多人将"两梅"混为一谈。

人们在早春赏的梅花，又名春梅、红绿梅，为蔷薇科小乔木。蜡梅为蜡梅科落叶大灌木，高可达 5 米。叶表绿色而粗糙。花常呈黄色，如纯黄、淡黄、金黄、紫黄、墨黄色，亦有银白色、淡白色、雪白色、黄白色，有蜡质光泽，花蕊有红、紫、洁白等色，极芳香。花期自 11 月下旬到翌年 3 月，1～2 月为盛花期。

唐代杜牧诗云"蜡梅还见三年花"，可见蜡梅在我国至少有 1000 余年栽培历史。唐代以前，蜡梅常与梅花混淆不清。北宋诗人黄庭坚在《山谷诗序》中将两花作了区分："京洛间有一种花，香气似梅花亦五出，而不能品明，类女工燃蜡所成，京洛人因谓蜡梅。"明代李时珍《本草纲目》云："蜡梅，释名黄梅花，此物非梅类，因其与梅同时，香又相近，色似蜜蜡，故得此名。"由于自隆冬腊月起陆续开花，故清初的《花镜》云："蜡梅俗称蜡梅。"

可见，蜡梅与梅花实为不同族的两种花卉，但花期重叠，姿韵相近，易于混淆。如今，她们被并誉为"两梅"。在北京颐和园、昆明黑龙潭公园、南京明孝陵等地，初春时节皆可欣赏到"两梅"齐放的盛景。

冷艳清香惹人醉

喜欢很多花，但在心中，蜡梅的地位却独一无二、无可取代。因出生于 12 月末，父亲给我取名梅。幼年时曾以为此梅为梅花，稍年长，方知开于腊月的是蜡梅，她不惧寒威，傲立冰雪，身处逆境却坚韧不拔的品格对我个性的塑造深具影响，从此格外关注和偏好蜡梅。喜欢在花开时节流连花丛，细赏蜡质花瓣，嗅其清冽幽香。落雪时更是欣喜异常，不惜冻红双手也要留下她"轻黄缀雪"的丽影。记忆最深的是 2016 年 12 月 31 日，专程去探访明孝陵之蜡梅，其蜡梅园占地 5 万余平方米，拥有蜡梅 1000 多株，品种之丰富为全国之最。盛花时，繁花簇锦，幽香四溢，与古色古香的明孝陵建筑交相辉映，意趣盎然，所谓"玉笔点出宫样黄，留香画里依红墙"。

且不说蜡梅于严寒寂寥的冬季始花，为寒中极品，显得弥足珍贵，其花实则极有特色，颇耐观赏。其花瓣色娇黄又有蜡样光泽，所谓"冷艳清香受雪知，雨中谁把蜡为衣"，"家家融蜡作杏蒂，岁岁逢梅寻蜡花"。在严冬的单调中显得格外明艳。其香气既浓且清，只要嗅到一点，即感幽芳彻骨，心荡神浮。范成大云："蜡梅香极清芬，殆过梅香。"宋代陈与义则云："一花香十里，更值满枝开，承恩不在貌，谁敢斗香来。"均对蜡梅香味给予了极高赞誉，王安石的"遥知不是雪，为有暗香来"大有异曲同工之妙。

提及蜡梅之香，不由想起多年前一位大学校友与蜡梅的一段小故事。友人就读于一所学风浓厚的县中，高三那年腊月的一天，早起晨跑的他在操场边邂逅一株蜡梅，繁花满枝，清香四溢，触景生情，脑中竟浮现出"梅花香自苦寒来"的诗句，联想到自己正为高考而努力拼搏，忍不住折下一小枝盛放的蜡梅，回去将几枚花朵夹于书本中自勉，期盼来年苦尽甘来、如愿以偿。一年后，已在南京农业大学就读的友人，翻开夹着蜡梅花的书页，惊喜地发现仍有一缕淡淡清香，许是花香混合了书香，书页上还留下淡黄色半透明的印记。

蜡梅发枝多，耐修剪，江南有"砍不死的蜡梅"之说，其生命力之顽强也令人肃然起敬。蜡梅寿命可达 500 年以上。南京共有 3 株百年蜡梅，最古老的位于南郊铁心桥龙泉寺，被称为"唐梅"，已逾 1000 岁。在苏州虎丘、上海嘉定和松江、曲阜孔庙等亦有年年开花、生机盎然的古蜡梅。

品种丰富多功用

蜡梅品种丰富。苏东坡"玉蕊檀心两奇绝"之句，提到檀心、玉蕊两种佳品。南宋《临安志》中提到蜡梅有数品，以"檀心""磬口"为佳。范成大的《梅谱》中提到狗蝇、磬口、檀香三种。据 1993 年出版的赵天榜《中国蜡梅》一书记载，蜡梅有 165 个品种。而根据南京林业大学的相关研究，南京的蜡梅品种就有近 90 种，尤以明孝陵一带为丰富。蜡梅常见的有素心、磬口、红心等几种。素心者，花较大，内外轮花被纯黄色，色娇香浓。磬口者，花、叶均较大，外轮花被淡黄色，内花被边缘有浓红紫色条纹，极耐看，芳香浓郁，为优良品种。红心蜡梅，也称狗牙蜡梅，叶狭而尖，内轮中心的花被片有紫红色条纹，花较小而香气淡，多半作为砧木用于嫁接。

蜡梅系中国庭园中典型且不可或缺的冬季佳卉，常与南天竹搭配种植，亦常与松柏类一同种植于纪念性园林中。蜡梅为插花良材，剪下的花枝凡已现色之花蕾均可开放，且瓶插时间可长达数十日。若与红果南天竹搭配，则"天竹红鲜伴蜡梅"，呈现花果并茂、艳色馨香、春意融融之佳境，且寓意"四时如意"。蜡梅还是盆景、盆栽良材。

蜡梅有两对益友良伴：除了上述之天竹外，另一位"佳侣"是水仙，两者皆于腊月开花，幽香袭人，故有"水仙伴蜡梅，不知香来处"之说，还有人赞她们是"二株巧笑出兰房，玉质擅姿各自芳"。事实上，蜡梅、水仙和天竹，正是民间岁朝清供的三种花果，搭配于一处，相得益彰也在情理之中了。

蜡梅入馔则由来已久，如在烹饪鱼虾、豆腐或做汤时放入，味美气香。艳黄的蜡梅花和雪白的豆腐制成的蜡梅豆腐汤，观而悦目，食则可口，还能御寒，堪称寒冬妙品。蜡梅花茶则香气浓郁，可治疗咽炎或久咳。蜡梅汤香甜宜人，能健脾和胃。

姊妹花期大不同

世人皆知蜡梅开于腊月，故喜唤她"腊梅"，可知她尚有于秋季甚至夏季开花的姊妹？其实，蜡梅与好几位家族姊妹，花期有别，形貌亦相异，而且只有蜡梅在腊月盛放，故其家族名为蜡梅科，将蜡梅写作蜡梅也更科学规范。以下就是蜡梅最特殊的几位姊妹。

夏蜡梅，每年 5 月中下旬始花。花单生于枝顶，硕大而洁白，边缘淡粉，花蕊金黄，犹如冰盘上托起一只盛满金珠的玉碗，可谓冰清玉洁，极具观赏价值。夏蜡梅一般生长于美洲大陆，在中国直到 20 世纪 60 年代才在浙江临安山区被发现。据林业专家考证，中国 95% 的夏蜡梅集中在浙江东部和西北部的昌化及天台，尤其是大明山海拔 600~1100 米的山坡或溪谷林下，结群成片，蔚为壮观。

夏蜡梅与北美洲的美国夏蜡梅种群间断分布，遥相呼应，在植物区系研究上有极大的科考价值，是大陆板块漂移说强有力的佐证之一。因分布区日渐缩小，夏蜡梅被列为国家Ⅱ级保护渐危种，也是中国特有孑遗种。

美国蜡梅，原产美国弗吉尼亚州至佛罗里达州，引入我国时间不长。为落叶丛生灌木。树皮、木质和根均有香气。花单生于枝顶，花瓣与萼片带状，红褐色，花朵直径约5厘米，散发着酒酿般的甜香，5月初至7月中旬开花。

山蜡梅，常绿丛生灌木，叶片表面有光泽，亮绿色，不似蜡梅叶片那般粗糙，故又名亮叶蜡梅。花黄色或黄白色，较蜡梅花小而狭长。10月至翌年1月开花。为园林绿化良种。

夏蜡梅每年5月下旬始花，花朵硕大而洁白。

美国蜡梅原产于美国。花红褐色，散发着酒酿般的甜香。

蜡梅——色娇香隽话蜡梅

水仙

得水能仙天与奇

水仙（花）
Narcissus tazetta

细察水仙之形貌，可见她绝非雍容华贵的类型，只是『翠袖黄冠白玉英』，花形简单规整，色彩淡雅单纯，却透出一种清丽绝俗、超然秀逸之美，兼之香气清淡，极其符合古人关于花卉之雅的偏好：所谓香清而色不艳。

撷芳—植物学家手绘观花笔记

"岁华摇落物萧然，一种清风绝可怜。不许淤泥侵皓素，全凭风露发幽妍。"岁末之时，正值寂寥寒冬，任凭窗外朔风凛冽、飞雪漫天，室内的水仙却只凭一泓清水、数粒石子，不待春日，便展叶绽花，葱翠蓊郁，雪肤冰肌，幽芳四溢，令严冬的居室春意融融。于是，水仙这种"不与百花争艳，独领淡泊幽香"（艾青）的花儿不但成为不可或缺的岁朝清供佳品，也被视为驱邪除秽的吉祥花和喜迎新岁的报春花。

岁朝清供佳品

水仙，又称中国水仙，为石蒜科多年生草本植物。据《百花藏语》载："因花性好水，故名水仙。"水仙的鳞茎肥大，形如蒜头，叶片青葱如蒜叶，故曾被人呼之为"雅蒜"；其茎干虚通如葱，又有别名"天葱"；因清秀典雅、姿韵若兰，得名"俪兰"。水仙与兰、菊、菖蒲并誉为"花草四雅"，与梅花、茶花、迎春花并称为"雪中四友"，为中国十大传统名花之一。

我国古代文献中关于水仙的最早记载出自唐代段成式的《酉阳杂俎》："㮹祇（读音同奈底）出拂林国，根大如鸡卵，叶长三四尺，似蒜，中心抽条，茎端开花六出，红白色，花心黄赤，不结子，冬生夏死，取花压油，涂身去风气。"其中所述㮹祇形象与水仙吻合，名称发音亦与水仙属名 Narcissus 相仿，加之自唐代贞观十七年到唐玄宗开元十年的 80 年间，拂林国曾 5 次遣使来华，由此推断，水仙大约在唐代由旧时拂林国传入我国。据《花史》《学圃杂疏》载："唐玄宗赐虢国夫人红水仙十二盆。盆皆金玉七宝所造。"可见在当时的宫廷中水仙亦属宝物珍品。

而今，水仙早已演变成普罗大众共赏之佳卉。当代作家汪曾祺在《岁朝清供》一文中写道："画里画的、实际生活里供的，无非是这几样：天竹果、蜡梅花、水仙。的确，不知始于何时，水仙不但是冬末春初居家案头最常见的盆花，也会在吴昌硕、任伯年、李鱓等画坛巨擘的岁朝图中，占有一席之地。"

在古代的花历著录中，水仙被列为殿岁花之一，她"前接蜡梅，后迎江梅"（《学圃杂疏·花疏》），在万木萧疏之时，仅有松、竹、梅等可以为伴，因而被赞为"岁寒友"，为传统的岁朝清供之年宵花卉。水仙亦为我国"十二花神"中的"十二月月令花"。

娇姿婀娜香气清

自幼偏爱水仙，喜欢她只需清水、不沾泥土的洁净，欣赏她花瓣的皎洁晶莹、馨香四溢。每次种水仙最期盼的莫过于第一朵花开，最后几日不时焦急盼望、细细凝视，眼见着淡绿色的半闭花苞逐渐绽开，至花瓣完全舒展，色泛白而质透明，嗅着第一缕带着寒气的清冽幽香，那份满足真是难以言喻。

"皓如鸥轻，朗如鹄停，莹浸玉洁、秀合兰馨。清明兮如阆风之翦雪，皎净兮如瑶池之宿月。"在历代文人笔下，在水中生长开花，摆脱了泥土束缚的水仙，完全是一幅玉洁冰清、不染凡尘、仙气满满的形象。宋代黄庭坚"凌波仙子生尘袜，水上盈盈步微月"的咏水仙名句，典出曹植《洛神赋》中"体迅飞凫，飘忽若神，凌波微步，罗袜生尘"。诗人眼中的水仙俨然是那位"翩若惊鸿、宛若游龙"、风姿绝世的洛水女神宓妃。水仙自此多了"凌波仙子"之美誉。清道光年间举人朱锡绶在其《幽梦续影》中更是给予水仙极高的评价："水仙以玛瑙为根、翡翠为叶，白玉为花，琥珀为心，而又以西子为色，以合德为香，以飞燕为态，以宓妃为名,花中无第二品矣。"仿佛她是集珍宝和美人于一体、举世无双的绝美存在。

论形态，水仙有单瓣、重瓣之别。单瓣者名"金盏银台"，每朵花六瓣，作浅杯状，宛若杯盏，清秀俊逸，最宜入画，且越纤薄越贵。宋朝林洪在《山家清供》中赞其姿态为"翠带拖云舞，金卮照雪斟"。复瓣水仙，名"玉玲珑"，花片卷皱，下轻黄而上淡白，古时又称"千叶水仙"。

论香味，水仙的香清冽幽远，与蜡梅有类似特质，古诗云："水仙伴蜡梅，不辨香来处。"两者在岁朝清供中亦为良伴,借用现在的语言,可算是一对好闺蜜。水仙花的香味据说能催人产生温馨缠绵的感情,尤其适合这种新岁家人团圆的场合。

有趣的是,被奉为仙子、貌似不食人间烟火的水仙实则很接地气。其花球朴素而廉价,在冬季花市上随处可见,信手可得,远非什么价格居高、难以亲近的奇葩异卉。买回家来,仅需一只敞口容器,也不拘是什么盆、碗、盘、碟,盛些清水,配以卵石,勤换水,多见光,假以时日,她终将回馈以葱翠的叶、清香的花和婀娜的姿韵。再者,水仙球在入驻花市之前,必经泥土亲近"芳泽",在土中吸足了营养,充实了球体,结实圆胖的水仙球方能只需清水即可绽蕾吐芳。

水仙在我国分布很广,湖北、湖南、江苏、浙江、福建、广东、四川、云南都有。清代李渔在《闲情偶寄》中曾声称:"金陵水仙为天下第一。"据文献记载,自宋代至清代,江南的嘉定、苏州亦盛产水仙。然而,中国水仙最负盛名的出产地则非福建漳州莫属,当地气候温和,土质肥沃松散,又有圆山山泉灌溉,极适于水仙的生长。漳州水仙素以球大、形美、花繁、香浓而著称,畅销海内外。水仙也不出意料地先后成为漳州市花和福建省花,也是"漳州三宝"之一。漳州市每年定期举办中国水仙花艺术节、海峡两岸(福建漳州)花卉博览会等各种花事盛会。

家养水仙常有两种方式:不经雕刻,或仅用小刀在鳞茎合适处拉出几条缝,但不伤及叶和花苞,以利于抽叶展花,这样的植株生长得郁郁葱葱、茁壮挺拔、亭亭玉立、姿韵天成。经精细雕刻的水仙俗称蟹爪水仙,可成为艺术珍品,漳州水仙艺人尤擅于此道。他们运刀雕刻,"据形授意",使雕刻之水仙"虽由人为,宛如天成"。依稀记得上中学时,在南京鼓楼公园见到许多经过雕刻、造型各异的水仙,什么雄鹰展翅、孔雀开屏、天鹅嬉水、花篮献瑞等,当时颇有惊艳的感觉。刚工作那几年也曾多次亲手雕刻水仙球,只为尝试获得几款心仪的造型。那种刻破了鳞茎后,冻得发红的手沾满黏液的感觉至今记忆犹新。雕刻过的水仙要将黏液洗干净后再上盆水养,并应在伤口及露出水面的根上敷盖吸水棉或纱布,以防日晒引起枯焦。除供水养，水仙还可上盆土栽或地栽，亦绰约多姿、清丽芬芳，只是生于土中的水仙似乎跟"仙"有了距离。

中国水仙的洋姊妹

水仙家族原产欧洲地中海沿岸，北非、西亚也有。一般可分为中国水仙与洋水仙两类。中国水仙现分布于中国、日本和朝鲜。洋水仙原产法国、英国、西班牙、葡萄牙等欧洲国家，种类有喇叭水仙、红口水仙、丁香水仙等。

喇叭水仙又名黄水仙、漏斗水仙，因花筒向外挺伸像喇叭而得名，栽培最为广泛。花被淡黄，副花冠橘黄色，极为明丽鲜艳，且花朵硕大，直径可达5厘米。

红口水仙，花被纯白色，副花冠白色浅杯状，边缘红色，颇为娇艳。

丁香水仙，花被与副花冠皆为鲜黄色，边缘波状。

以上洋水仙，通常在春季3～4月开花，一葶一花，花大形美色丽，惜多无明显香气。洋水仙虽可盆栽，却更常见于初春的庭园，大面积种植点缀在树下、林缘，往往与郁金香、风信子等同时期的球根花卉搭配，或者单纯成片种植，皆绚丽夺目。

洋水仙，不但与中国水仙风格迥异，其花语也大相径庭。在我国，水仙象征纯洁、美好和纯洁爱情，为洛水女神之化身。在西方，水仙的寓意为自怜自恋。希腊神话中，有位名叫纳西索斯的少年，异常俊美却极度孤芳自赏，除了自己不爱其他任何人，因拒绝仙女厄科的求爱，受到爱神阿佛洛狄忒的严惩，竟对自己的水中倒影发生了爱情，结果憔悴而亡，化作一丛水仙。水仙的英文名"narcissus"和属名"*Narcissus*"皆来源于此少年之名。

尽管两类水仙寓意有别，但皆与水有关的神话关联紧密，且貌美脱俗，沾满仙气，大可用杨万里的两句诗来共同概括："天仙不行地，且借水为名……"

红口水仙
花被纯白，
副花冠白色，浅杯状，
边缘红色，
颇为娇艳。

自幼喜欢花卉，大学时读了花卉（观赏园艺）专业，毕业后到南京中山植物园（江苏省中国科学院植物研究所）工作，已进入第30个年头。与花结缘，已逾半生。

"春兰亭亭山谷，夏荷冉冉池塘，秋菊凌霜怒放，寒梅傲雪飘香。"一年四季，众芳国里，娇花争妍，美景纷呈，以独特"花语"向人们昭示着时序变换、季节更替——这是我在一篇文章里的描述。

的确，花卉是大自然对人类最美好的馈赠之一，丰富物质，滋养心灵，也为生活注入了美丽色彩、蓬勃生机与盎然情趣。

金陵城的四季花事自不必多提，那是我不可或缺的快乐和灵感之源。而中国香港大帽山上灿烂的黄钟花与蓝天辉映，美国密苏里植物园中盛开的杜鹃令人目醉神迷，在新西兰基督城梦娜维尔花园里目睹珙桐繁花如雪簇，在韩国济州岛邂逅卷丹怒放如凤舞，还有北京古柏、杭州丹桂、庐山杜鹃、云南山茶、海南玉蕊花，5月英格兰小镇上混合着咖啡香和不知名鲜花的芬芳气息……亦常成为浮现于我脑海中的记忆。所有这些，都促使我写出这本书，与大家分享有关花的感受与信息。

在此，要特别感谢江苏凤凰科学技术出版社的编辑们，正是他们的热情和诚意，才使我下决心在繁忙的工作之余接受这项绝不轻松的写作任务，要感谢出离女士精心绘制的大量插画，让本书大为增色，也要感谢家人多年来对我工作的倾力支持，没有大家的协同努力，就没有这本书的面世。

限于水平，错误与不当之处，恳请不吝批评指正。

图书在版编目（CIP）数据

撷芳：植物学家手绘观花笔记 / 李梅著；出离绘
. — 南京：江苏凤凰科学技术出版社，2020.5
（手绘自然书系）
ISBN 978-7-5713-0428-7

Ⅰ．①撷… Ⅱ．①李… ②出… Ⅲ．①花卉－图集②
散文集－中国－当代 Ⅳ．①S68-64

中国版本图书馆CIP数据核字(2019)第119680号

撷芳　植物学家手绘观花笔记

著　　　者　李　梅
绘　　　者　出　离
审　　　校　刘　夙
责 任 编 辑　郁宝平
策 划 编 辑　姚　远
责 任 校 对　杜秋宁
责 任 监 制　刘　钧
出 版 发 行　江苏凤凰科学技术出版社
出版社地址　南京市湖南路1号A楼，邮编：210009
出版社网址　http://www.pspress.cn
印　　　刷　上海雅昌艺术印刷有限公司
开　　　本　718mm×1000mm　1/16
印　　　张　13.5
插　　　页　4
版　　　次　2020年5月第1版
印　　　次　2020年5月第1次印刷
标 准 书 号　ISBN 978-7-5713-0428-7
定　　　价　88.00元

图书如有印装质量问题，可向我社出版科调换。

蔷薇

颐和路公馆区

4月下旬至5月

荷花

莫愁湖

6月至8月